Nebenbei
selbstständig

Die besten Tipps
für mehr Erfolg

Geschäftsidee

Unternehmensform

Formalitäten

Homepage

Marketing

Strategie

Steuern

Sozialversicherung

Gewinn- und Liquiditätsplanung

Kleinunternehmer-Regelung

Erscheinungsbild

Verein für Konsumenteninformation (Hrsg.)
Manfred Lappe

Nebenbei selbstständig

Die besten Tipps für mehr Erfolg

Impressum

Herausgeber
Verein für Konsumenteninformation (VKI)
Linke Wienzeile 18, 1060 Wien
ZVR-Zahl 389759993
Tel. 01 588 77-0 | Fax 01 588 77-73 | E-Mail: konsument@vki.at
www.vki.at | www.konsument.at

Autor
Dkfm. Manfred Lappe

Lektorat
Gerhard Früholz

Grafik/Produktion
Günter Hoy

Stand
Jänner 2020

Foto Umschlag
HTWE/Shutterstock.com

Druck
Holzhausen Druck GmbH, 2120 Wolkersdorf

Verein für
Konsumenteninformation
ISBN 978-3-99013-091-9

€ 19,90

Bibliografische Information der Deutschen Nationalbibliothek
Die Deutsche Nationalbibliothek verzeichnet diese Publikation in der Deutschen Nationalbibliografie; detaillierte bibliografische Daten sind im Internet über <http://dnb.dnb.de> abrufbar.

Liebe Leser!

Sie wollen sich (nebenberuflich) selbstständig machen? Arbeitnehmer, Student oder Pensionist im Hauptberuf und Selbstständiger im Nebenjob? Das ist gar nicht so selten! Allein 100.000 Pensionistinnen und Pensionisten arbeiten in Österreich laut Helmut Spudich (2019) parallel zur Pension! Lehrer als Autoren, Fachkräfte als Sachverständige oder Vortragende, Angestellte als eBay- oder willhaben-Verkäufer, Pensionisten mit Café oder Wirtsstube, Studenten als Stadtführer oder Botenfahrer, Arbeitslose oder Pensionäre mit selbstständigem Zusatzverdienst, etc. Die Ausgestaltungen in der Praxis sind vielfältig, ebenso die Motive der Beteiligten. Einigen geht es um die zusätzlichen Einnahmen, anderen um Renommee, Selbstbestimmung oder -verwirklichung, Freude an der Arbeit oder sinnvolle Freizeitbeschäftigung. Und dann gibt es noch jene, die einfach mit wenig Risiko Erfahrungen in der Selbstständigkeit sammeln wollen, um bei Erfolg dann auf dem zweiten Standbein durchzustarten.

Ratgeber zu diesem Thema gibt es nur scheinbar etliche. Allerdings zumeist aus Deutschland und damit zugeschnitten auf eine andere Gesetzeslage und andere Rahmenbedingungen, etwa hinsichtlich Versicherungs- und Steuerfragen. Dieses Buch berücksichtigt in allen Belangen die Situation in Österreich und ist ein Begleiter für alle, die den Weg in die (auch teilweise) Selbständigkeit wagen.

Was ist zu beachten, damit aus dem Traum kein Alptraum wird? Welche gesetzlichen Anforderungen und Rahmenbedingungen gilt es einzuhalten, welche Risiken frühzeitig zu erkennen und welche Chancen können genutzt werden?

Lassen Sie sich mit unseren besten Tipps – zumeist als praxisorientierte Antworten auf häufig gestellte Fragen – in das neue Gebiet der (Teil-)Selbstständigkeit führen. Je nach Branche und eigenen Bedürfnissen sowie Wünschen sind die aufkommenden Fragen natürlich oft unterschiedlich. Wir haben eine Auswahl von Fragen, Antworten und Tipps vorgenommen von der wir glauben, dass sie möglichst vielen Leserinnen und Lesern eine gute Hilfestellung sind. Mit dem vorliegenden Arbeitsbuch können Sie den Schritt in die (Teil-)Selbstständigkeit in Ruhe vorbereiten oder auch einzelne Kapitel zielgerichtet durchlesen und nacharbeiten. Eine Unterscheidung zwischen EPU (Ein-Personen-Unternehmen) und KMU (Klein- und Mittelbetriebe) finden Sie bei uns übrigens nicht, da wir uns bei diesem Ratgeber weniger von der Mitarbeiterzahl und der Umsatzhöhe als vielmehr von fachlichen Fragestellungen leiten lassen. Es bietet auch dann eine Vielzahl von Anregungen und Anleitungen, wenn Sie ohne Standbein als Arbeiter, Angestellter oder Pensionär direkt in die Selbstständigkeit starten wollen.

Besonders nützlich ist der Serviceteil. Dort finden Sie wichtige Arbeitshilfen wie z.B. eine Erfolgs- und Liquiditätsplanung, Muster von Formularen oder Anschreiben an Behörden. Diese können Sie auch als Download (www.konsument.at/selbstständig) beziehen.

Ihr KONSUMENT-Team

Meine Geschäftsidee

Haben Sie bereits eine Geschäftsidee? Oder sind Sie noch unentschlossen und „auf der Suche"? Wir glauben, dass Ihnen dieses Kapitel in jedem Fall sinnvolle und wertvolle Anregungen gibt.

Was ist meine Idee?

Sie wollen sich (nebenberuflich) selbstständig machen und suchen eine zündende Idee? Dann gibt es unterschiedliche Wege der Ideenfindung.

Insbesondere im Handwerk ist die erste Idee: Ich mach mich im gelernten Beruf selbstständig! Sind Sie arbeitslos oder in Pension? Dann ist das eine gute Idee, da Sie auf langjährige Praxiserfahrungen und auf Kenntnisse in der Branche zurückgreifen können. Sind Sie hingegen (noch) unselbstständig in dieser Branche tätig, so treten Sie in Konkurrenz zu Ihrem aktuellen Arbeitgeber (► Seite 21). Hier gibt es in jedem Fall Gesprächs- und Klärungsbedarf. Eine Sondersituation besteht allerdings, wenn der Arbeitgeber Tätigkeiten künftig ohnehin auslagern will. Haben Sie dann allerdings nur einen Auftraggeber, so droht das Ungemach der Scheinselbstständigkeit (► Seite 113). Prüfen Sie dies vorab gemeinsam mit Ihrem Arbeitgeber.

Tipp

Achten Sie darauf, dass die Geschäftsidee nicht nur sinnvoll und lukrativ aussieht, sondern Ihnen vor allem (dauerhaft) viel Freude bereitet. Dies ist gut für Ihre Arbeitszufriedenheit und Motivation auch in Zeiten, in denen es mit Kunden und Umsatz etwas schwieriger ist.

Nutzen Sie den Urlaub in fremden Ländern auch für eine Ideensuche

Eine andere Idee ist, das Hobby zum Beruf zu machen. Die Branchen- und Produktkenntnisse sind da, die Freude an der Arbeit auch. Auch diese Überlegung ist ein guter Ansatz. Beachten sollten Sie aber, dass Hobby und Beruf möglicherweise etwas andere Anforderungen haben. So ist Sporttauchen für viele ein sehr schönes Hobby, im Beruf des Tauchlehrers geht es aber nicht nur um das eigene Tauchen, sondern vorrangig um die Wissensvermittlung an Anfänger. Gleiches lässt sich sagen beim Hobby Tanzen und dem Beruf des Tanzlehrers. Haben Sie nicht nur ein schönes Hobby, sondern auch Freude an der Wissensvermittlung, dann ist das eine gute Voraussetzung für Ihr Vorhaben.

Viele gute Geschäftsideen sind auch einfach „abgeschaut". Nicht in Österreich, wohl aber in Amerika oder Asien. Und was dort funktioniert, kann möglicherweise auch in Österreich funktionieren.

Tipp

Besprechen Sie Ihren Wunsch nach Selbstständigkeit mit guten Freunden. Machen Sie ein Brainstorming zu möglichen Geschäftsfeldern und arbeiten Sie Chancen und Risiken heraus. Beantworten Sie auch die Frage: Was ist der Nutzen für den Kunden! Warum soll/wird ein Kunde gerade dieses Produkt kaufen, die Dienstleistung in Anspruch nehmen?

Franchise: von anderen lernen?

Sofern Sie keine eigene Geschäftsidee haben und einzelne Risiken bei der Gründung (z.B. Fehler beim Marketing, …) vermeiden möchten, kann Franchise eine Lösung sein. Aber was ist eigentlich Franchise? Als Begriff ist Franchise oder Franchising jedenfalls nicht gesetzlich geregelt. In der Praxis ist Franchise eine Kooperation zwischen einem Franchise-Geber und einem oder mehreren Franchise-Nehmern, die jeweils eigenständige Unternehmen sind. Der Franchise-Geber stellt dabei dem oder den Franchise-Nehmern Leistungen in Form von organisatorischem, technischem und kaufmännischem Know-how sowie bei rechtlichen Fragestellungen zur Verfügung. Der Franchise-Nehmer verpflichtet sich dauerhaft zur Abnahme der Leistungen und bezahlt dafür ein Entgelt. Dieses kann umsatzabhängig sein oder auch Fixbeträge beinhalten.

Franchise zeichnet sich oft durch ein einheitliches Auftreten am Markt (etwa Werbemaßnahmen), einheitliche Preise und einheitliche organisatorische Strukturen aus. Für den Endkunden ist oft nicht erkennbar, dass es sich um eigenständige Unternehmen handelt. Ein prominentes Beispiel zur Veranschaulichung ist McDonalds.

Eine Systematik zur Unterscheidung von Franchise-Systeme nach der Geschäftstätigkeit liefert die österreichische Wirtschaftskammer und teilt Franchise in drei Bereiche:

Eine Franchiseidee muss nicht nur gut klingen, sondern auch langjährige Erfolge aufweisen

- Produktions-Franchising: Know-how zu Produktion/Vertrieb wird überlassen
- Vertriebs-Franchising: Know-how zum Vertrieb von Gütern steht im Vordergrund
- Dienstleistungs-Franchising: Know-how zur Dienstleistungserbringung wird überlassen

Franchise-Systeme werden in vielen Branchen angeboten: Bekleidung, Gastronomie, Fitness, Kosmetik, Reisebüros, Vermögensberatung, Erwachsenenbildung, Sprachunterricht, etc. Die Wirtschaftskammer zählte für das Jahr 2017 immerhin 440 Franchise-Systeme mit 10.400 Standorten in Österreich.

Tipp

Franchise-Angebote erhalten Sie u.a. über die Franchise-Börse der Wirtschaftskammer (https://www.franchiseboerse.at/). Tipps gibt der Leitfaden der Wirtschaftskammer (siehe Literaturverzeichnis ► Seite 135). Achten Sie bei den Angeboten auf das Gründungsjahr. Der Franchise-Geber sollte ein etabliertes Unternehmen mit hohem Bekanntheitsgrad und nachweisbarem Erfolg sein. Gründungen der letzten Jahre können diese Nachweise kaum erbringen.

Können Nachfolgerbörsen helfen?

Rund 75.000 Unternehmen unterschiedlichster Branchen, Umsatzgrößen, Standorte, etc. stehen jedes Jahr in Deutschland, Österreich und der Schweiz zum Verkauf. Sie möchten sich (nebenberuflich) selbstständig machen, aber doch nicht ganz von vorne beginnen? Sie möchten eher ein bestehendes Unternehmen übernehmen, vom bestehenden Kundenstamm profitieren und das Unternehmen weiterentwickeln? Dann kommt für Sie eine der Nachfolgerbörsen in Frage, welche die Angebote und Nachfragen von Unternehmensübernahmen zusammenführen möchten.

Unverbindliche Auswahl von Nachfolgerbörsen

- https://firmen.wko.at/Web/SearchInserate.aspx?WID=e5c46b58-14d3-4773-ba02-06905c025982
- https://www.nachfolgerboerse.at/startseite
- www.nexxt-change.org

Prinzipiell setzen die Nachfolgerbörsen an beiden Enden an: Einerseits kann sich der abgabebereite Unternehmer mit seinem Unternehmen präsentieren, andererseits kann auch ein Interessent seine Such-Daten erfassen. Und beide können jeweils mit Suchkriterien prüfen, ob sich bereits ein Kauf-/Verkaufskandidat eingetragen hat.

Bei der Wahl der Nachfolgebörse sollten Sie prüfen, ob und wenn ja, welche Kosten wann anfallen. Hier wäre insbesondere eine Provision (im Erfolgsfall) zu klären. Beim Unternehmen steht und fällt die Preisgestaltung mit dem zukünftig zu erwartendem Umsatz und Gewinn. Und dieser hängt oft von Stammkunden ab. Prüfen Sie für sich, ob diese Stammkunden auch zu Ihnen passen (und umgekehrt). Möglicherweise hat der (ältere) Unternehmer ein älteres Publikum und Sie möchten das Unternehmen mehr auf junge Leute ausrichten? Dann hat diese Stammkundschaft für Sie nur einen sehr geringen Wert.

Tipp

Bei der Übernahme eines bestehenden Betriebs sind natürlich Preis und das mit dem Kauf verbundene Risiko kritische Punkte. Schalten Sie für die Prüfung der Finanzen in jedem Fall einen Steuerberater ein. Und lassen Sie sich von einem Rechtsanwalt mit Schwerpunkt Mergers & Akquisition einen Vertrag ausarbeiten. Versuchen Sie, einen Teil des Preises abhängig von der Zukunft zu gestalten: Erreichung von Umsatz- oder Gewinnzielen, Verbleib der Stammkundschaft, etc. So verringern Sie Ihr Risiko bei der Übernahme. Weitere Tipps gibt der Leitfaden der Wirtschaftskammer (siehe Literaturverzeichnis ► Seite 135).

Sofern das zu übernehmende Unternehmen Mitarbeiter hat, sollten Sie prüfen, ob diese Mitarbeiter auch weiterhin zur Verfügung stehen. Schließlich sind diese mit den Abläufen vertraut, haben Kontakte zu den Kunden und erhebliches betriebliches und fachliches Wissen.

Was sind die Erfolgs- und Risikofaktoren?

Mit einigen Kriterien lassen sich Ihre Erfolgschancen besser abschätzen

Sie haben eine Geschäftsidee gefunden und überlegen, ob Sie mit dieser erfolgreich sein können? Dann sind die folgenden Kriterien hoffentlich eine Hilfe für Sie.

Marktzugang. Gibt es für den von Ihnen angestrebten Markt einen einfachen oder einen eingeschränkten Marktzugang? Ein eingeschränkter Marktzugang erschwert zwar Ihnen die ersten Schritte, jedoch ist er auch eine Hemmschwelle für den späteren Wettbewerb. Beispiele für einen erschwerten Marktzugang sind:

- Reglementiertes Gewerbe mit erforderlichen Genehmigungen (► Seite 21)
- Hoher Bedarf an Anfangskapital
- Nutzung von Patenten

Alleinstellungsmerkmale. Haben Sie als Person oder Ihr Produkt ein Alleinstellungsmerkmal? Beispiele wären hier u.a.:

- Im Idealfall Patente
- Hohes Wissen zu Branche und Produkten
- Schnelligkeit der Ausführung
- Auszeichnungen für Kundennähe, Wissen, …
- Besonderer/zusätzlicher Nutzen des Produkts für die Kunden

Skalierbarkeit. Ist Ihr Produkt, Ihr Angebot leicht skalierbar? D.h. Sie haben nur einmalig den Aufwand für die Erstellung und können damit sowohl ein Exemplar, 1.000 oder 50.000 Exemplare verkaufen. Beispiele wären hier u.a.:

- Software
- Gründung eines Franchise-Unternehmens
- Internetgeschäftsideen

Persönliche Fähigkeiten. Voraussetzungen für ein erfolgreiches Unternehmen sind u.a.:

- Sach- und Fachkenntnisse (z.B. Technik, Handwerk)
- Empathischer Umgang mit den Kunden
- Betriebswirtschaftliche Kenntnisse (Kalkulation, Buchhaltung, ...).

Diese können im Idealfall in einer Person vorhanden sein, können aber auch auf mehrere Partner oder entsprechende Mitarbeiter verteilt sein. Die Buchhaltung können Sie zwar an den Steuerberater auslagern, verstehen müssen Sie Ihre Zahlen und deren Ursachen jedoch auch selbst.

Tipp

Es ist üblich in der „New Economy", dass schnelles Wachstum angestrebt wird, das möglichst auch im Ausland. Leider ist dies auch bei großen und kapitalstarken Unternehmen ein sehr häufiger Grund des Scheiterns. Einerseits muss die Organisation mitwachsen, andererseits kommt es sehr auf gute Marktkenntnisse an. Amerika funktioniert anders als Österreich, die Großstadt Wien anders als eine Gemeinde in Vorarlberg. Nicht Schnelligkeit ist hier gefragt, sondern Gründlichkeit in der Vorbereitung.

Wer sind meine Kunden?

Beschreiben Sie für sich Ihre zukünftigen Kunden. Wie erreichen Sie diese?

Erscheint Ihnen die erste Frage als zu trivial? Ist sie nicht! Wenn Sie nicht wissen, an wen Sie Ihre Produkte verkaufen (wollen), können Sie auch nicht wissen, mit welchen Werbemitteln Sie Ihre Produkte „an den Mann bringen" können. Die Frage nach Ihren Kunden ist damit zumindest ebenso wichtig wie die Frage nach Ihrer Geschäftsidee und den Produkten bzw. Dienstleistungen. Hier einige Beispiele dazu:

Beispiel 1: Geschäftsidee „Angebot im nahen Umfeld". Sie wollen eine kleine Buchhandlung, ein Café, eine Gaststätte, einen Friseursalon, eine Suppenküche, ... in einem kleinen Ladenlokal eröffnen. Mit Ihrem Angebot sprechen Sie einerseits Laufkundschaft an, aber auch die Anwohner bzw. Arbeitnehmer aus der näheren Umgebung. Möglicherweise lässt sich die Kundengruppe noch klarer eingrenzen: Sprechen Sie mit dem Café eher junge oder ältere Leute an, Geschäftsleute oder Privatpersonen, Anwohner oder Touristen, etc.? Dies hat Auswirkungen auf das äußere Erscheinungsbild, die Inneneinrichtung und das Serviceangebot. Bei einigen Kundengruppen für das „Angebot im nahen Umfeld" reicht eine reine Informationsseite im Internet aus, bei der Kundengruppe „Geschäftsleute" macht jedoch eine Vorbestell- oder Vorreservierungsmöglichkeit über die Homepage sehr viel Sinn. Lokale Werbung und Handzettel sind wichtige Mittel, um die Kundschaft im nahen Umfeld zu erreichen. Aber bei einem Ladenlokal stellt sich auch die Frage nach der Lage! Bei der Kundenbeschreibung „Laufkundschaft" oder „Touristen" muss das Ladenlokal in guter (teurerer) Lage und gut erkennbar sein. Ein Angebot an Anwohner des Viertels könnte hingegen auch in einer B- oder C-Lage und damit wesentlich preiswerter sein.

Beispiel 2: Geschäftsidee „Selbst-Design von T-Shirts über das Internet. Hier wird die mögliche Kundschaft bereits durch die Geschäftsidee eingegrenzt: gestaltungswillige, experimentierfreudige (jüngere) Menschen ohne Berührungsängste zum Internet. Ihre Homepage ist das Eingabemedium und Sie bieten den Kunden dort ein breites Spektrum an Gestaltungsmöglichkeiten incl. dem Hochladen von eigenen Fotos, ... Ihre Kunden können je nach Sprachumfang in der ganzen Welt sein, Sie haben kein Ladenlokal. Ihre Kunden finden Sie vorrangig direkt über das Internet, d.h. eine Suchmaschinenoptimierung (► Seite 53) Ihrer Homepage ist wichtig.

Beispiel 3: Geschäftsidee „Musikdarbietung in Szene-Lokalen". Sie haben hier einen exklusiven Vertriebskanal „Szene-Lokal" und damit zugleich eine weitere Kundengruppe. Neben Ihren Endkunden „Party-Geher" müssen Sie sich in Ihrem Angebot auch auf die Lokale einstellen. Warum soll der Lokal-Inhaber Sie engagieren oder Ihnen eine Auftrittsmöglichkeit geben? Was ist sein besonderer Nutzen von Ihrem Auftritt?

Tipp

Versuchen Sie möglichst genau zu beschreiben, welche Kunden Sie mit Ihren Produkten/Dienstleistungen ansprechen wollen. Und schreiben Sie dazu, wie Sie diese Kunden erreichen wollen. Dies schließt, wie gezeigt, bei einigen Geschäftsideen auch die Standortwahl mit ein! Durch das Niederschreiben führen Sie sich die Rahmenbedingungen für Ihren angestrebten Geschäftserfolg nochmals stärker vor Augen. Und was ebenso wichtig ist: Sie machen Ihre Geschäftsidee auch für Dritte wie Berater oder später die Geldgeber (► Seite 75) im Sinne eines Business-Plans nachvollziehbarer.

Wie ist der Wettbewerb?

Ich habe eine gute Geschäftsidee und habe meine Kunden klar definiert. Muss ich mir jetzt auch noch Gedanken um den Wettbewerb machen? Ja! Denn auch Mitbewerber wollen Ihre Kunden gewinnen und schließlich wollen auch Sie seine Kunden für sich gewinnen.

Die Beobachtung und Analyse des Wettbewerbs macht gleich aus mehreren Gründen sehr viel Sinn. Wir geben Ihnen einige Fragen mit, die Sie zum Nachdenken und auch zum kritischen Hinterfragen Ihres Geschäftsmodells anregen sollen:

Vom Wettbewerb lernen ohne ihn bloß zu kopieren

- Kunden-Zielgruppe
  - Richtet sich der Wettbewerb(er) auf die gleiche(n) Kunden-Zielgruppen aus?
  - Wenn nein: Was könnten die Gründe sein? Ist die eigene Zielgruppe richtig gewählt?
  - Wenn ja: Reicht die Zielgruppe für mehrere Anbieter aus?
  - Wie können Sie sich vom Wettbewerber unterscheiden?
  - Warum soll der Kunde bei Ihnen kaufen?

- Ansprache der Kunden
  - Mit welchen Werbemitteln spricht der Wettbewerber die Kunden an?
  - Hat der Wettbewerber eine Homepage? Mit oder ohne Service-Funktionen?
  - Wie können Sie sich vom Wettbewerb unterscheidbar machen?

- Produkt- und Preisgestaltung
  - Welche Preise nimmt der (oder die) Wettbewerber?

  - Haben Sie ein gleichartiges oder besseres Angebot?
  - Können Sie durch kleine Zusatznutzen ein (scheinbar) besseres Angebot erstellen?
  - Lässt sich für das bessere Produkt ein etwas höherer Preis durchsetzen?
  - Können (leicht) neue Produkte auf den Markt kommen, die in den Augen der Kunden einen höheren Nutzen als Ihr Angebot haben?
- Markteintritt
  - Ist der Markteintritt für neue Wettbewerber leicht oder schwierig?
  - Was für Auswirkungen hätte ein weiterer Wettbewerber auf Ihr Geschäft?

Tipp

Seien Sie vorsichtig mit einer aggressiven Preispolitik. Zwar können Sie oft durch niedrigere Preise zusätzliche Kunden gewinnen. Jedoch könnten Mitbewerber in den Preiskampf einsteigen und Sie unterbieten, was Sie zu weiteren Preisnachlässen zwingen würde. Und oftmals lassen sich die Preise nach dem Ausstieg des Konkurrenten nicht wieder erhöhen.

Ziele richtig setzen: Warum werde ich erfolgreich sein?

Unternehmerisch erfolgreich tätig zu sein bedeutet nicht nur, objektive Fakten in Form von Chancen und Risiken korrekt abzuwägen. Unternehmerische Tätigkeit hat auch viel mit Psychologie und dem richtigen Setzen von Zielen zu tun. Wir greifen hier einen Artikel von Monika Herbstrith-Lappe (siehe Literaturverzeichnis ► Seite 135) auf.

Wie Sie Ihr Gehirn auf Erfolg umpolen

Jeder Erfolg beginnt mit einer klaren Entscheidung, dem Bekenntnis zu einem eingeschlagenen Weg mit einem lohnenden Ziel: Beherzte Entschlossenheit erschließt persönliche Energiequellen, klare Ziele fokussieren die persönliche Leistung und den Ressourcen-Einsatz. Klare Ziele sind auch die Grundlage zum Setzen der Prioritäten. Außerdem kann man, die Ziele im Auge, das Vorankommen erkennen. Und darüber hinaus helfen Visionen mit Strahlkraft auch Durchhänger zu überwinden. Sie geben die Antwort auf die Frage: „Wofür mache ich das alles?"

Umgekehrt verzetteln wir uns leicht, wenn wir nicht genau wissen, wohin wir eigentlich wollen. Mark Twain bringt die Falle der operativen Hektik bei fehlendem strategischem Fokus auf den Punkt: „Als wir das Ziel endgültig aus den Augen verloren hatten, verdoppelten wir die Anstrengung."

Was ist also bei der Zielfindung zu beachten, damit wir unsere Potenziale voll entfalten? Stellen Sie sich vor, Sie würden beim Bahnhof in ein Taxi steigen und zum Fahrer sagen: „Bitte fahren Sie schnell los. Ich muss weg vom Bahnhof." Entweder würde er Sie irgendwo hinfahren und so sein Einkommen maximieren oder, wahrscheinlicher, er würde Sie fragen, wohin Sie wollen. Sie können sich jetzt den Mund fusselig reden, wo Sie NICHT hinwollen. Das gibt dem Fahrer keine Orientierung. Mit unserem Hirn ist es ähnlich. Nicht-Aussagen sind nicht nur wirkungslos, meist sind sie sogar kontraproduktiv. Wenn Sie sich jetzt etwa vornehmen, NICHT ans Essen zu denken – woran denken Sie? Eben!

In unserem privaten und beruflichen Alltag sind viele Ziele „weg von" formuliert und daher können sie nicht funktionieren. Etwa: abnehmen, nicht krank werden, kein Unfall, null Fehler, keine Reklamation, Kosten reduzieren, Aufträge und Kunden nicht verlieren. Die hirngerechten positiven Formulierungen wären hingegen: Kleidergröße X passt wieder, Immunsystem stärken, sicher fahren, 100 % Qualität auf Anhieb, hohe Kundenzufriedenheit, Ressourcen effektiv nutzen, Aufträge gewinnen und Kundenbeziehungen vertiefen.

Haben Sie Ihr Vorhaben gewählt, um die Anerkennung anderer zu gewinnen? Das wäre ein Sozio-Ziel. Oder ist es Ihnen selbst ein ureigenes Bedürfnis? Dann ist es ein Solio-Ziel.

Was ist Ihre Motivation? Arbeiten und leben Sie für sich oder andere?

- **Solio-Ziele** haben wesentlich größere Erfolgsaussichten, weil innere Motivation viel nachhaltiger als äußere Motivation wirkt, wir werden erfinderisch, um Hürden zu meistern.
- Bei **Sozio-Zielen** sind wir gefährdet, vor uns selbst und anderen Ausreden zu finden, warum es uns nicht möglich ist.

„Was heißt Erfüllung und Erfolg für mich in meinem Leben?" ist eine inspirierende Frage. „Was gilt in der Gesellschaft als Erfolg?" ist der Druck und Stress erzeugende, toxische Doppelgänger.

Tipp

Die „purpose-driven Organisation" – also die Organisation die ihren „Seinszweck" gefunden hat – ist ein hochaktuelles Business-Thema. „Was macht meinen Einsatz für mich und andere wertvoll?" und – als Gegenfrage – „Was ginge verloren, wenn es mich und mein Business nicht gäbe?" sind hilfreiche Denkanstöße.

„Egal ob Sie glauben, dass Sie es schaffen werden oder ob Sie überzeugt sind, dass Sie es nicht schaffen werden: Sie werden Recht behalten." (Henry Ford)

Um die Macht des Unbewussten als Verbündeten zu gewinnen, ist es wichtig, das Erreichen des Ziels im Präsens zu formulieren. Absichtserklärung oder der Konjunktiv wie „Ich würde gerne ..." sind zu wenig griffig. „Am Tag X überschreite ich die Ziellinie." ist zwar nach grammatikalischen Regeln nicht ganz korrekt, aber nur die Gegenwartsform des Präsens erzeugt Präsenz der Ziele.

In der Grundschule werden Verben oft als TUN-Wörter erklärt. Schade, dass dies später als „kindisch" eine Abwertung erfährt. Verben sind hochgradig performativ und lösen Prozesse aus. Es geht etwas voran. Die Aussage „Am Tag X empfange ich meine Kunden im frisch renovierten Büro." erzeugt einen Film der angestrebten Zukunft. Sich die erfolgreiche Zielerreichung lustvoll-sinnlich auszumalen erzeugt Zugkraft.

Tipp

Arbeiten Sie nicht nur mit einem Ziel, sondern vielmehr mit vielen Teil-Zielen. Das Erreichen der Teil-Ziele sollten Sie für sich würdigen, um daraus die Kraft zu schöpfen, die das Erreichen des nächsten Teil-Ziels ermöglicht.

Gewerbe oder selbstständig: Darf ich das?

Sie haben eine Geschäftsidee und wollen möglichst schnell beginnen? Halten Sie einen kurzen Augenblick inne und prüfen Sie zunächst, ob Sie diese Tätigkeit auch ausüben dürfen!

Was sagt der Arbeitgeber?

Immer wieder taucht die Frage auf, ob man sich eine nebenberufliche Selbstständigkeit von seinem Arbeitgeber genehmigen lassen muss. Nun, dass kommt ganz darauf an.

Generell hat ein Arbeitgeber einen Anspruch darauf, dass der Arbeitnehmer während der Arbeitszeit mit voller Zeit und Kraft für den Dienstgeber da ist. Dies schließt auch mit ein, dass der Arbeitnehmer ausgeruht und nicht durch andere Tätigkeiten übernächtigt ist. Eine Selbstständigkeit neben einer Vollzeitstelle kann – je nach Branche und Arbeitsaufwand – gegebenenfalls problematisch sein. Ebenso wird – auch wenn es nicht im Arbeitsvertrag stehen sollte – davon auszugehen sein, dass der Arbeitnehmer nicht mit dem Arbeitgeber in Konkurrenz treten darf und auch keine im Rahmen der Arbeitsstelle erworbenen Kenntnisse verwerten darf. Gleiches gilt auch für den Fall, dass das Ansehen des Arbeitgebers durch den Nebenberuf des/r Angestellten geschädigt werden könnte, z.B. bei einem Zuverdienst in der Erotikbranche.

Sprechen Sie frühzeitig mit Ihrem Arbeitgeber und entkräften Sie mögliche Bedenken

Eine selbstständige Tätigkeit während des Jahresurlaubs kommt prinzipiell nicht in Frage. Sowohl Urlaubszeiten als auch Krankheits- und Genesungstage dienen der Aufrechterhaltung bzw. Wiederherstellung der Arbeitskraft für den Arbeitgeber.

Unproblematisch ist von der Arbeitszeit her eine Pension (► Seite 29), eine Teilzeitstelle und – mit Abstrichen – die Arbeitslosigkeit (► Seite 28).

In Deutschland können Arbeitnehmer ab einer bestimmten Betriebsgröße eine Brückenteilzeit vereinbaren. Dabei sinkt die Arbeitszeit für einen vorher definierten Zeitraum ab und der Arbeitnehmer hat das Anrecht, nach dem Zeitraum wieder zu seiner vorherigen Zeitregelung zurück zu kehren. Diese Brückenteilzeit ist in Österreich noch nicht gesetzlich verankert, könnte aber natürlich Bestandteil einer Änderung des Arbeitsvertrages sein.

Tipp

Sprechen Sie in jedem Fall bei den genannten problematischen Fällen mit Ihrem Arbeitgeber und zeigen Sie diesem auf, warum die Interessen des Arbeitgebers nicht beeinträchtigt sind!

Freies oder reglementiertes Gewerbe?

Freie Gewerbe

Darf ich das? Nun, bei den sogenannten freien Gewerben kann diese Frage klar mit „Zumeist-Ja" beantwortet werden. Bei freien Gewerben benötigen Sie keinen Befähigungsnachweis. Eine Liste der freien Gewerbe finden Sie unter https://www.bmdw.gv.at/Services/Publikationen/Bundeseinheitliche-Liste-der-freien-Gewerbe.html. Aber auch bei einem freien Gewerbe müssen Sie allgemeine Voraussetzungen erfüllen, damit das Gewerbe eingetragen wird und Sie mit der Arbeit beginnen können. Natürliche Personen müssen in jedem Fall folgende Voraussetzungen erfüllen:

- Geschäftsfähigkeit (Vollendung des 18. Lebensjahres, keine Erwachsenenvertretung);
- Staatsangehörigkeit eines EU- oder anderem EWR-Staates oder eine gültige Aufenthaltsberechtigung
- Fehlen von Ausschlussgründen.

Ausschlussgründe sind laut Wirtschaftskammer:

- Vorstrafen (auch bedingte) wegen betrügerischer Krida, Schädigung fremder Gläubiger, Begünstigung eines Gläubigers oder grob fahrlässiger Beeinträchtigung von Gläubigerinteressen, betrügerischen Vorenthaltens von Sozialversicherungsbeiträgen und Zuschlägen nach dem Bauarbeiter-Urlaubs- und Abfertigungsgesetz, organisierte Schwarzarbeit; bei Gastgewerben: Suchtgiftdelikte
- Vorstrafen (auch bedingte) wegen einer sonstigen strafbaren Handlung mit einer Verurteilung zu einer Freiheitsstrafe von über 3 Monaten oder einer Geldstrafe über 180 Tagessätzen
- Bestrafung wegen bestimmter Finanzvergehen
- Ein mangels kostendeckenden Vermögens rechtskräftig nicht eröffnetes oder aufgehobenes Insolvenzverfahren, solange dieses in der Insolvenzdatei ersichtlich ist (3 Jahre ab Eintragung). Bei Versicherungsvermittlung auch Eröffnung eines Insolvenzverfahrens, solange dieses in der Insolvenzdatei ersichtlich ist.

Ausschlussgründe können in bestimmten Fällen auf Antrag nachgesehen werden.

Reglementierte Gewerbe

Bei reglementierten Gewerben gibt es besondere Anforderungen an die Qualifikation des Inhabers/Geschäftsführers

Bei reglementierten Gewerben sind zusätzlich zu den allgemeinen auch besondere Voraussetzungen zu erfüllen. Dabei handelt es sich um einen Befähigungsnachweis, d.h. einen rechtskräftigen Bescheid über das Vorliegen der individuellen Befähigung und Zuverlässigkeit. Der Befähigungsnachweis ist vom jeweils angemeldeten Gewerbe abhängig und kann z.B. durch Zeugnisse über

- erfolgreich abgelegte Meisterprüfung oder sonstige Befähigungsprüfung,
- erfolgreich abgelegte Unternehmerprüfung der Wirtschaftskammer,
- Abschluss eines fachbezogenen Studiums,
- erfolgreichen Besuch einer Universität, Fachhochschule, einer Schule oder eines Lehrgangs,
- erfolgreich abgelegte Lehrabschlussprüfung,
- fachliche Tätigkeit,
- Tätigkeit in leitender Stellung, als Betriebsleiter oder als Selbstständiger,

erbracht werden. Näheres regeln die diesbezüglichen Zugangsverordnungen. Für die Anerkennung von ausländischen Zeugnissen gibt es teilweise weitergehende Regelungen, über welche u.a. die jeweilige Innung der Wirtschaftskammer informiert. Eine Liste der reglementierten Gewerbe finden Sie unter https://www.bmdw.gv.at/Services/Publikationen/Liste-reglementierter-Gewerbe.html.

Tipp

Natürliche Personen können das Fehlen der Befähigung ausgleichen, indem sie einen gewerberechtlichen Geschäftsführer (► Seite 25) bestellen. Dies geht jedoch nicht beim Rauchfangkehrergewerbe und der Versicherungsvermittlung.

Bei einigen reglementierten Gewerben („Zuverlässigkeitsgewerbe") wird zusätzlich die Zuverlässigkeit überprüft. Es handelt sich dabei um die Gewerbe Baumeister, Brunnenmeister, Chemische Laboratorien, Elektrotechnik, Pyrotechnikunternehmen, Gas- und Sanitärtechnik,

Herstellung und Großhandel von Arzneimitteln und Giften, Inkassoinstitute, Reisebüros, Sicherheitsgewerbe, Sprengungsunternehmen, Vermögensberatung, Waffengewerbe, Holzbaumeister. Erst nach Prüfung der Behörde und der Eintragung im Gewerberegister darf das Gewerbe ausgeübt werden, nicht bereits mit dem Tag der Gewerbeanmeldung.

In einzelnen Branchen gibt es zusätzliche Voraussetzungen. So darf ein (zukünftiger) Gastwirt keine noch nicht getilgte Verurteilung in Verbindung mit Suchtmitteln haben. Der Umfang der Verurteilung ist dabei unerheblich.

Was sind denn „Neue Selbstständige"?

Der Begriff „Neue Selbstständige" kommt nur im Sozialversicherungsrecht (► Seite 103) vor und regelt die Frage der Pflichtmitgliedschaft in der Sozialversicherung. Die Wirtschaftskammer (www.wko.at) nennt folgende Personen(gruppen) als Beispiele dafür:

- Selbstständig Erwerbstätige, die mangels Wirtschaftskammermitgliedschaft nicht nach dem gewerblichen Sozialversicherungsgesetz (GSVG) versichert sein können, wie Vortragende, Künstler, Sachverständige, Aufsichtsräte, Journalisten, Schriftsteller und Personen, die Gesundheitsberufe selbstständig ausüben (Krankenpfleger, Hebammen, etc.),
- freie Dienstnehmer; die sich wesentlicher eigener Betriebsmittel bedienen,
- „Werkvertragsnehmer" ohne Wirtschaftskammermitgliedschaft, also Personen, die nicht im Rahmen eines Dienstverhältnisses tätig sind, sondern sich zur Herstellung eines Werkes oder zur Herbeiführung eines Erfolges verpflichtet haben,
- erwerbstätige Kommanditisten (auch) von (wirtschaftskammerzugehörigen) Kommanditgesellschaften (KG), sofern sie nicht schon aufgrund eines Arbeitsverhältnisses zur KG der Pflichtversicherung nach dem Allgemeinen Sozialversicherungsgesetz (ASVG) unterliegen,
- Personen, die ohne die erforderliche Gewerbeberechtigung eine selbstständige Erwerbstätigkeit ausüben (unbefugte Gewerbeausübung!),
- persönlich haftende Gesellschafter von nicht wirtschaftskammerzugehörigen Personengesellschaften (OG, KG) und geschäftsführende GmbH-Gesellschafter, sofern sie aufgrund dieser Tätigkeit nicht bereits nach dem ASVG versichert sind (dies ist bis zu einer Beteiligung von weniger als 50 Prozent denkbar).

Neue Selbstständige üben kein Gewerbe aus und sind nicht Mitglied der Wirtschaftskammer

Tipp

Neue Selbstständige sind nicht Mitglied in der Wirtschaftskammer. Sie müssen daher einerseits keine Beiträge für die Wirtschaftskammer bezahlen, können jedoch andererseits deren Leistungen nicht in Anspruch nehmen.

Benötige ich eine Gewerbeberechtigung?

Nicht alle Selbstständigen benötigen eine Gewerbeberechtigung (vormals Gewerbeschein). Ausgenommen sind Personen mit folgenden Tätigkeiten:

- Land- und Forstwirtschaft
- Literarische Tätigkeit, Kunst
- Unterricht und Erziehung
- Gesundheitsberufe (Arzt, Apotheker, Hebammen etc.)
- Freie Berufe (Notar, Anwalt, Buchhalter etc.)
- Neue Selbstständige (► Seite 23). Beispiele dafür sind Schriftsteller, Kunstschaffende, selbstständige Wissenschaftler, freie Journalisten, selbstständige Krankenpfleger, Psychologen, Psycho- oder Physiotherapeuten

ACHTUNG. Wer keine Gewerbeberechtigung hat, ist auch nicht Mitglied der WKO. Und dies bedeutet, dass er die Anmeldung bei der Sozialversicherung der Selbstständigen [SVS, bis 2019 Gewerbliche Sozialversicherung (SVA)] selbst vornehmen muss (► Seite 107).

Was sind Firmenbuch und Firmenbuchnummer?

Das Firmenbuch ist ein zentrales öffentliches Verzeichnis, in welchem normierte Informationen über Unternehmen gespeichert sind. Es dient dazu, dass sich andere Unternehmen oder Teilnehmer am Geschäftsverkehr über das Unternehmen informieren können. Das Firmenbuch wird von den zuständigen Firmenbuchgerichten geführt. In Wien liegt diese Funktion beim Handelsgericht Wien, in den Bundesländern liegt die Zuständigkeit bei den jeweiligen Landesgerichten.

Für Einzelunternehmen ist die Eintragung im Firmenbuch zumeist freiwillig

Aber nicht alle Unternehmen müssen im Firmenbuch verzeichnet sein. Verpflichtend ist dies für Unternehmen in der Rechtsform der Aktiengesellschaft (AG), der Gesellschaft mit beschränkter Haftung (GmbH), der Offenen Gesellschaft (OG), der Kommanditgesellschaft (KG) und für österreichische Niederlassungen von ausländischen Unternehmen. Gesellschaften bürgerlichen Rechts (GbR) werden niemals in das Firmenbuch eingetragen, da sie über keine eigene Rechtspersönlichkeit verfügen.

Für Einzelunternehmen ist eine Eintragung nur dann verpflichtend, wenn sie im Geschäftsjahr einen Umsatz von mindestens 1.000.000 Euro oder in zwei aufeinanderfolgenden Geschäftsjahren einen Umsatz von zumindest 700.000 Euro aufweisen. Diese Grenzen entsprechen den Voraussetzungen für die Rechnungslegungspflicht. Sie können sich jedoch auch freiwillig in das Firmenbuch eintragen lassen.

Tipp

Ist ein Einzelunternehmen in das Firmenbuch eingetragen, muss die Firma die Bezeichnung „eingetragene Unternehmerin"/„eingetragener Unternehmer" beinhalten. Die Bezeichnung kann auch durch die Abkürzung „e.U." erfolgen. Ein Eintrag kann für das Unternehmen einen vertrauensbildenden Charakter haben. Die Wirkung sollte aber nicht überschätzt werden.

Der schriftliche Antrag an das zuständige Gericht muss in öffentlich beglaubigter Form (Gericht oder Notar) gestellt werden. Die Gebühren variieren mit der Anzahl der einzutragenden Informationen. Neugründer können sich unter bestimmten Bedingungen nach dem Neugründungsförderungsgesetz von diesen Gebühren befreien lassen (► Seite 29).

Kann ich ein Unternehmen online gründen?

Mit der elektronischen Gründung (kurz eGründung) ist es möglich, die Unternehmensgründung online durchzuführen. Dies spart Zeit und Kosten. Derzeit ist dieses Angebot für Einzelunternehmen und (mit wenigen branchenbezogenen Ausnahmen) für Einpersonen-GesmbHs möglich.

Als Voraussetzung bei Einzelunternehmen benötigen Sie die Handysignatur für die Registrierung, bei Gesellschaften müssen folgende Voraussetzungen erfüllt sein:

- Handysignatur für die Registrierung
- Die Gesellschaft hat nur einen einzigen Gesellschafter, der auch zugleich Geschäftsführer ist
- Es wird die im Unternehmensserviceportal (USP) verfügbare standardisierte Errichtungserklärung genutzt.

Vorteilhaft an der eGründung ist, dass Gründer ihren Gründungsprozess inkl. der verschiedenen Formulare und Fragebögen nicht mehr selbstständig organisieren müssen. Dafür gibt es die zentrale Lösung im Unternehmensserviceportal (USP). Insbesondere ist es nicht mehr notwendig, die verschiedenen in den Gründungsprozess eingebundenen Stellen zu kontaktieren bzw. zu besuchen. Die einzige Ausnahme bildet der Besuch bei der Bank zur Eröffnung eines Einlagenkontos bei Gesellschaftsgründungen. Gründer bleiben in ihrem Gründungsprozess flexibel: Sie können entweder den gesamten Gründungsprozess elektronisch im USP durchführen oder einzelne Schritte vor Ort bei der zuständigen Stelle (z.B. dem Gründerservice der WKO, siehe Adressen/links ▶ Seite 137) tätigen und den Rest elektronisch abschließen.

Online statt Behördengänge, das spart zumindest Zeit

Tipp

Nach abgeschlossener Gründung erhalten die Gründer im USP (www.usp.gv.at) automatisch Zugang zu vielen weiteren Serviceangeboten wie zu FinanzOnline, zu ELDA – dem Portal der Sozialversicherungsträger, zur E-Rechnung an den Bund und vielen weiteren Services.

Was ist ein gewerberechtlicher Geschäftsführer?

Ein gewerberechtlicher Geschäftsführer ist eine Person, welche einerseits die Geschäfte des Unternehmens führt und andererseits durch einen Befähigungsnachweis auch berechtigt ist.

Personen bzw. Gesellschaften müssen unter bestimmten Bedingungen einen gewerberechtlichen Geschäftsführer bestellen: Bei Einzelunternehmen trifft dies nur für reglementierte Gewerbe zu, wenn der Einzelunternehmer über keinen Befähigungsnachweis verfügt. Gesellschaften (OG, KG, GmbH, AG, Genossenschaften, Vereine) müssen einen gewerberechtlichen Geschäftsführer auch zur Ausübung eines freien Gewerbes bestellen.

Der gewerberechtliche Geschäftsführer muss folgende persönliche Anforderungen erfüllen:

- Vorliegen der auch für den Gewerbeinhaber geltenden allgemeinen persönlichen Voraussetzungen (mit bestimmten Einschränkungen bei den insolvenzrechtlichen Ausschlussgründen),

- Befähigungsnachweis bei reglementierten Gewerben
- Entsprechende Position im Unternehmen
- Entsprechende tatsächliche Betätigung im Betrieb

Die ersten zwei Punkte sind klar einsehbar, bei den beiden folgenden Voraussetzungen soll ein Missbrauch durch einen „Alibi"-Mitarbeiter/Geschäftsführer verhindert werden. So muss ein Mitarbeiter zumindest die Hälfte der wöchentlichen normalen Arbeitszeit im Betrieb sein. Dem Gesetzgeber geht es dabei darum, dass der gewerberechtliche Geschäftsführer auch durch seine physische Anwesenheit im Betrieb in der Lage sein muss, seinen Kontroll- und Überwachungsfunktionen nachzukommen.

Tipp

Diese zusätzlichen verschärfenden Voraussetzungen gelten nur für reglementierte Gewerbe und nicht für freie Gewerbe.

Die Übernahme des „gewerberechtlichen Geschäftsführers" sollte man nicht nur aus Gefälligkeit machen

Gegenüber der Gewerbebehörde haftet der gewerberechtliche Geschäftsführer für die Einhaltung der gewerberechtlichen Vorschriften und ist u.a. für die Öffnungszeiten, die Preisauszeichnung und die Lehrlingsausbildung verantwortlich. Sofern über ihn eine Verwaltungsstrafe verhängt wird, muss er diese selbst tragen, ein Kostenersatz durch das Unternehmen ist nicht möglich. Gegenüber dem Unternehmer haftet er für die fachlich korrekte Ausübung des Gewerbes, im Einzelfall kann es auch eine Haftung gegenüber geschädigten Dritten geben.

Mitgliedschaft Wirtschaftskammer

Gewerbetreibende sind Pflichtmitglieder in der Wirtschaftskammer, so wie Arbeiter und Angestellte Pflichtmitglieder in der Arbeiterkammer sind. Aber mit welchen Kosten und welchem Nutzen ist dies verbunden?

Was kostet mich das?

Die Wirtschaftskammer kennt drei Gebühren-Arten:

- Kammerumlage 1 (erst ab Umsatz von 150.000 Euro)
- Kammerumlage 2 (Dienstgeberbeitrag: Promillesatz der Bruttolohnsumme)
- Grundumlagen

Grundumlagen werden auch Kleinbetrieben ohne Mitarbeiter einmal jährlich in Rechnung gestellt, so dass wir diesen Teil näher betrachten. Es handelt sich allerdings nicht um einen einheitlichen Betrag, sondern vielmehr um ein mehrstufiges Verfahren:

- **Bundesland.** In jedem Bundesland gibt es eine Wirtschaftskammer, welche über eine eigene Grundumlagen-Berechnung verfügt.

- **Fachorganisationen.** Innerhalb der Wirtschaftskammer gibt es Fachorganisationen bzw. Innungen. Diese legen für Ihre Innung die Bemessungsgrundlage für die Grundumlage und den Kostensatz fest. So wird dem Umstand Rechnung getragen, dass jede Innung andere Besonderheiten aufweist (z.B. sehr arbeitsintensiv, viele Klein- oder Großunternehmen, etc.) und sich diese auch in der Höhe und Berechnungsweise der Grundumlage niederschlagen.

Mögliche Berechnungsweisen sind:

- Anzahl Mitarbeiter- oder Beschäftigte
- Bruttolohn- und -gehaltssumme
- Sozialversicherungsbeitragssumme
- Fester Betrag mit/ohne Staffelung nach Rechtsformen

Tipp

Zwar handelt es sich um eine Gebühr für das Kalenderjahr, oftmals sind jedoch auch Ausnahmen vorgesehen. Diese sind z.B.:

- nur halbe Gebühr bei Mitgliedschaft von maximal einem halben Kalenderjahr
- nur halbe Gebühr bei ganzjährig ruhender Mitgliedschaft
- Neugründungsprivileg (ab 1.1.2019): Befreiung von der Grundumlage für das Jahr nach der Gründung bzw. dem Geschäftserwerb.

Die Beitragspflicht endet erst mit Zurücklegung der Gewerbeberechtigung.

Die Grundumlagen für Ihr Bundesland finden Sie unter https://www.wko.at/service/oe/grundumlagen.html.

Welche Hilfen erhalte ich?

Als Interessensvertretung betreibt die Wirtschaftskammer Lobbyarbeit für die Wirtschaft

Interessensvertretung. Generell ist die Wirtschaftskammer die Interessensvertretung der Unternehmen und Unternehmer. Sie betreibt aktive Lobbyarbeit bei der Gesetzgebung, aber auch bei den lokalen Rahmenbedingungen (z.B. vergünstigtes Parken in der Parkraumbewirtschaftungszone). Diese Unterstützung bzw. Hilfe gilt generell, ist also nicht für jeden einzelnen Unternehmer mess- und zuordenbar. Über die Sparten bzw. Innungen wird diese Arbeit jedoch nicht nur pauschal für alle Unternehmen, sondern zielgerichtet für einzelne Branchen durchgeführt.

Servicepartner. Die Wirtschaftskammer bietet vor Ort und im Internet eine Vielzahl von Beratungsleistungen an. Themenstellungen dabei sind Gesetze, Verordnungen, Steuern, Unternehmensführung, etc.

Tipp

Auch für Neugründer gibt es ein umfangreiches Hilfsangebot unter https://www.gruenderservice.at/

Betriebshilfe. Von den Wirtschaftskammern wird gemeinsam mit der Sozialversicherung der Selbstständigen [SVS, bis 2019 Sozialversicherungsanstalt der gewerblichen Wirtschaft (SVA)] eine Betriebshilfe angeboten. Die Betriebshilfe soll bei längerer Arbeitsunfähigkeit, z.B. durch Krankheit, Unfall, Schwangerschaft oder Geburt eines Kindes, die Fortführung des Unternehmens unterstützen. Die Betriebshilfe steht Personen zur Verfügung, die bei der SVS krankenversichert und mit ihrem Unternehmen Mitglied der Wirtschaftskammer sind. Wir gehen ausführlich auf die Betriebshilfe im Bereich Sozialversicherung (► Seite 109) ein, da ein enger Zusammenhang zu der Fragestellung steht, ob Sie als Angestellter oder Selbstständiger krank sind.

Broschüren und Online-Hilfen. Eine Auswahl von sinnvollen Broschüren finden Sie im Literaturverzeichnis (► Seite 135), eine Auswahl von sinnvollen Online-Hilfe unter Adressen/links (► Seite 137).

Arbeitslos und nebenbei selbstständig?

Prinzipiell kann neben der Arbeitslosigkeit eine selbstständige Tätigkeit ausgeübt werden. Allerdings gibt es einige Fallstricke, die unbedingt beachtet werden müssen. Zuerst einmal ist festzuhalten, dass eine Pflichtversicherung in der Pensionsversicherung dem Bezug von Arbeitslosengeld generell entgegensteht. Kommt es also aufgrund der selbstständigen Tätigkeit zu einer Pflichtversicherung, so endet damit der Bezug des Arbeitslosengeldes. Nur bei einer Ausnahme von der Pflichtversicherung der gewerblichen Sozialversicherung kann es trotz aufrechter Gewerbeberechtigung zu einer Leistung aus der Arbeitslosenversicherung kommen. Eine solche Ausnahme ist die Kleinunternehmerregelung (► Seite 101), bei der keine Beitragsleistungen zur Kranken- und Pensionsversicherung erfolgen. Es sind zwei Betragsgrenzen zu beachten:

- **Monatliche Einkunftsgrenze.** Neben der Arbeitslosigkeit dürfen auch unselbstständige und selbstständige Tätigkeiten durchgeführt werden. Diese müssen jedoch unter der monatlichen Geringfügigkeitsgrenze bleiben. Im Jahr 2020 sind dies 460,66 Euro.
- **Umsatzgrenze.** Im Falle einer selbstständigen Tätigkeit ist zusätzlich eine Umsatzgrenze einzuhalten. Es müssen 11,1 Prozent des Umsatzes unter der Geringfügigkeitsgrenze bleiben.

Vorsicht Falle: Das durchschnittliche Einkommen wird für alle Monate der Selbstständigkeit gerechnet

Das AMS (Arbeitsmarktservice) rechnet mit durchschnittlichem Arbeitseinkommen. Und dies ist brisant, wenn Sie während des Jahres komplett von der Arbeitslosigkeit in die Selbstständigkeit wechseln. Waren Sie in einigen Monaten nur geringfügig selbstständig beschäftigt und haben zum Jahresende hin deutlich über der Geringfügigkeitsgrenze verdient, so werden alle Einkünfte aus Selbstständigkeit addiert und durch die Monate der Selbstständigkeit (auch der geringfügigen Monate) geteilt. Überschreiten Sie mit dem Durchschnittswert die Geringfügigkeitsgrenze, so entfällt das Arbeitslosengeld rückwirkend ab dem ersten Monat der (geringfügigen) Selbstständigkeit.

Tipp

Rechnen Sie genau, denn wenn sich nachträglich auf Grund des Einkommens- beziehungsweise Umsatzsteuerbescheides ergibt, dass das Einkommen beziehungsweise der Umsatz über der Geringfügigkeitsgrenze liegt, muss die Leistung aus der Arbeitslosenversicherung zurückgezahlt werden. Aufgrund der Tragweite der Entscheidungen sollten Sie den Rat eines Steuerberaters einholen!

Pensionist und nebenbei selbstständig?

Sie sind Pensionist und möchten sich durch eine selbstständige oder gewerbliche Tätigkeit etwas hinzuverdienen. Kann das Auswirkungen auf Ihre Pension haben? Antwort: Das kommt drauf an!

- Bei einer normalen Alterspension ab 60 (Frauen) bzw. 65 (Männer) gibt es keine Zuverdienstgrenze.
- Bei einer vorzeitigen Pension z.B. als Korridorpension oder aufgrund der Hacklerregelung darf jedoch nur geringfügig hinzuverdient werden. Die Grenze ist hier der Betrag für „geringfügig Beschäftigte" und beträgt im Jahr 2020 460,66 Euro im Monat. Da Sie als Selbstständiger kein Gehalt mit 14 Monatsgehältern beziehen ist der Betrag nur mit 12 auf das Jahr hochzurechnen.

Nur bei normaler Alterspension gibt es nichts zu berücksichtigen

Tipp

Rechnen Sie genau! Denn selbst bei nur geringfügiger Überschreitung des Betrages haben Sie statt des geringfügigen Einkommens ein normales Einkommen mit der Konsequenz, dass Sie für diesen Monat/diese Monate keine Pension erhalten.

Bei einer Pension aus gesundheitlichen Gründen, also Berufsunfähigkeitspension, Invaliditätspension, Dienstunfähigkeitspension oder Erwerbsunfähigkeitspension, gibt man mit dem Pensionsantritt die Erwerbstätigkeit zunächst auf. Für das neue Einkommen aus selbstständiger Tätigkeit gilt dann Folgendes (Monatsbeträge):

- Bei bis zu 1.220,01 € brutto aus Pension und Erwerbseinkommen wird die Pension nicht vermindert.
- Der Teil zwischen 1.220,01 € und 1.830,08 € wird um 30 % gekürzt.
- Der Teil zwischen 1.830,08 € und 2.440,01 € wird um 40 % gekürzt.
- Der Teil über 2.440,01 € wird um 50 % gekürzt.

Die Kürzung darf weder 50 % der Pension noch das Erwerbseinkommen übersteigen. Auch bei einer vorzeitigen Pension bzw. einer Berufsunfähigkeitspension, Invaliditätspension, Dienstunfähigkeitspension oder Erwerbsunfähigkeitspension gilt: ab dem Erreichen des gesetzlichen Pensionsalters (derzeit 60 Jahre bei Frauen, 65 Jahre bei Männern) gibt es keine Einschränkungen mehr beim Zuverdienst.

Förderungen lukrieren?!

Die Neugründung bzw. Übernahme von Betrieben soll in Österreich besonders gefördert werden. Für unmittelbar mit der Gründung/Übernahme veranlasste Vorgänge sind daher einige Steuer- und Gebührenbefreiungen vorgesehen. Zusätzlich entfallen bestimmte lohnabhängige Abgaben bzw. Beiträge für einen Zeitraum von maximal 12 Monaten.

Dies sind beispielsweise:

Neugründer können sich einige Kosten ersparen

- Ansuchen um Ausübung von bewilligungspflichtigen Gewerben
- Ansuchen um Konzessionen, Konzessionserteilungen, Anmeldungen eines Anmeldungsgewerbes, Ansuchen um Genehmigung der Betriebsanlage
- Genehmigungen und Bewilligungen zur Berufstätigkeit
- Ansuchen um Feststellung über das Vorliegen der individuellen Befähigung (§ 19 Gewerbeordnung 1994)
- Niederlassungsbewilligungen
- gründungsbedingte Konzessionserteilungen
- Feststellungsbescheide über die Anwendbarkeit der gewerberechtlichen Vorschriften
- Feststellungsbescheide über die Einreihung von gewerblichen Tätigkeiten
- Zurkenntnisnahme und Bewilligung von Geschäftsführerbestellungen
- Genehmigung einer gewerblichen Betriebsanlage
- Beilagen, Zeugnisse und Strafregisterauszüge, die für gründungsbedingte Eingaben, Berechtigungen und Amtshandlungen benötigt werden

Tipp

Für die Inanspruchnahme der Begünstigungen bei Neugründung/Übernahme ist entweder die Erklärung der Neugründung im Zuge der elektronischen Gründung (► Seite 25) vorzunehmen oder muss bei Neugründung oder Betriebsübernahme die gesetzliche Berufsvertretung auf dem Formular „NeuFoe 2" (über Homepage www.bmf.gv.at) bestätigen, dass eine Beratung über die Neugründung bzw. Betriebsübertragung durchgeführt wurde.

Betrifft die Neugründung/Übernahme ein freies Gewerbe, hat die gesetzliche Berufsvertretung auch zu bestätigen, dass der Betriebsinhaber über grundlegende unternehmerische Kenntnisse verfügt. Diese Bestätigung kann entfallen, wenn nur die Befreiung von Stempelmarken und Bundesverwaltungsabgaben beantragt wird (https://www.usp.gv.at/Portal.Node/usp/public/content/gruendung/neugruendungsfoerderungsgesetz/Seite.12021002.html).

Rechtlicher Rahmen: Meine Unternehmensform

Für die Unternehmensgründung stellt sich die Frage, welche Unternehmensform denn eigentlich für das individuelle Vorhaben das richtige ist. Hier gilt es die Vor- und Nachteile jeder gängigen Unternehmensform zu kennen und gegeneinander abzuwägen.

Alleine? Das Einzelunternehmen

Auch bei einem Einzelunternehmen als Personengesellschaft (es gibt später auch bei den Kapitalgesellschaften eine Ein-Personen-GmbH ▶ Seite 36) muss der Unternehmer nicht alleine sein. Er kann Mitarbeiter und Helfer haben. Jedoch liegen alle Anteile der Personengesellschaft in einer Hand.

Das Einzelunternehmen als häufigste Unternehmensform

Ein Einzelunternehmen entsteht mit der Gewerbeanmeldung bzw. Bewilligung. Sofern es sich nicht um ein im Firmenbuch eingetragenes Unternehmen handelt, setzt sich der Firmenname aus mindestens einem Vornamen und dem Familiennamen des Eigentümers zusammen. Sie können jedoch zur besseren Unterscheidung am Markt eine zusätzliche Geschäftsbezeichnung (auch: Etablissement-Bezeichnung) in den Namen aufnehmen: z.B. Max Mustermann Consulting.

Einzelunternehmer werden nach dem gewerblichen Sozialversicherungsgesetz (GSVG) bei der Sozialversicherung der Selbstständigen [SVS, bis 2019 Sozialversicherungsanstalt der gewerblichen Wirtschaft (SVA)] pflichtversichert. Sofern Sie nebenberuflich selbstständig sind und nur einen geringfügigen Geschäftsbetrieb haben, können Sie sich von der Vollversicherung im Rahmen der Kleinunternehmerregelung (▶ Seite 101) befreien lassen.

Steuerlich werden die Gewinne des Einzelunternehmens dem Inhaber zugerechnet. Dieser erzielt dann zusätzliche Einkünfte aus Gewerbebetrieb oder selbstständiger Tätigkeit. Die Einkommensteuer wird in vier Quartalsbeiträgen (▶ Seite 127) vorgeschrieben und nach der Einkommenssteuererklärung veranlagt.

Bei dem Einzelunternehmen gibt es keine Haftungsbeschränkung. Der Inhaber/Eigentümer haftet unbeschränkt mit seinem gesamten Vermögen.

Tipp

Das Einzelunternehmen ist die häufigste und in der Handhabung auch die einfachste Unternehmensform. Insbesondere kann der Inhaber alle anstehenden Entscheidungen allein treffen. Nachteilig sind jedoch die unbeschränkte persönliche Haftung und die Einschränkungen bei der Namenswahl.

Mehrere? Die Personengesellschaften

Eine Personengesellschaft besteht aus mindestens zwei Personen, die sich zur Gründung einer Gesellschaft zusammenschließen und hierfür einen Vertrag (Gesellschaftsvertrag) schließen. In der Praxis gibt es unterschiedliche Arten von Gesellschaften mit spezifischen Vor- und Nachteilen.

Offene Gesellschaft (OG)

Bei der Offenen Gesellschaft (OG) schließen sich mindestens zwei Personen zusammen, um einen gemeinsamen Geschäftsbetrieb zu führen. Alle Gesellschafter haften uneingeschränkt mit ihrem gesamten Vermögen. Mittels Gesellschaftsvertrag können einzelne Gesellschafter von der Vertretung der Gesellschaft ausgeschlossen werden. Die Gewinne und Verluste werden auf die einzelnen Gesellschafter verteilt und unterliegen bei diesen der Einkommensteuer.

Gewerberechtsträger ist die Gesellschaft. Es muss dafür ein Gesellschafter oder ein Angestellter mit zumindest halber Wochenarbeitszeit die Gewerbeberechtigung haben. Eine Eintragung im Firmenbuch ist notwendig: Die OG entsteht erst durch diese Eintragung.

Tipp

Die OG ist eine sinnvolle Alternative zur sonst auch häufig verwendeten Gesellschaft bürgerlichen Rechts (GesBR) (► Seite 35), da die gewerberechtliche Genehmigung nicht von allen Gesellschaftern erbracht werden muss. Insbesondere kann auch ein gewerberechtlicher Geschäftsführer (► Seite 25) aus dem Kreis der Mitarbeiter benannt werden.

Jeder Gesellschafter unterliegt nur dann der Pflichtversicherung der gewerblichen Sozialversicherung, soweit er nicht aufgrund dieser Erwerbstätigkeit nach einem anderen Bundesgesetz pflichtversichert ist. Insbesondere kann ein Gesellschafter, der von der Geschäftsführung und der Vertretung der OG ausgeschlossen ist, als Dienstnehmer der Pflichtversicherung nach dem Allgemeinen Sozialversicherungsgesetz unterliegen.

Die Firma, also der Gesellschaftsname muss auf die Gesellschaftsform in geeigneter Art hinweisen. Dies geschieht durch den Zusatz „OG", „Partnerschaft", „& Partner" oder „offene Gesellschaft". Bis 2006 gab es auch andere Bezeichnungen: „offene Handelsgesellschaft" (OHG) und „offene Erwerbsgemeinschaft" (OEG). Diese gelten jetzt als offene Gesellschaften.

Kommanditgesellschaft (KG) sowie GmbH & Co. KG

Nicht jeder Gesellschafter haftet unbeschränkt

Bei einer Kommanditgesellschaft unterscheidet man zwei unterschiedliche Arten von Gesellschaftern. Der Komplementär führt die Geschäfte und haftet unbeschränkt mit seinem gesamten Vermögen. Der bzw. die Kommanditisten haben einen Gesellschaftsanteil und einen Haftanteil, der in der Höhe frei gestaltbar ist. Die Haftung ist auf den Haftanteil beschränkt.

Gewerberechtsträger ist die KG. Ein vollhaftender Gesellschafter oder ein Arbeitnehmer, der mit mindestens halber Wochenarbeitszeit angemeldet und nach dem Allgemeinen Sozialversicherungsgesetz (ASVG) versichert ist, muss den Befähigungsnachweis erbringen.

Jeder Gesellschafter, d.h. Komplementär und Kommanditisten, unterliegen mit ihrem Gewinn oder Verlustanteil der persönlichen Einkommenssteuer. Bis einschließlich 2015 galt dies auch beim Verlustanteil uneingeschränkt, seit 2016 ist dies jedoch bei Kommanditisten ohne „ausgeprägte Mitunternehmerinitiative" nur noch eingeschränkt möglich.

Die Eintragung der Gesellschaft im Firmenbuch ist erforderlich. Als Namenszusatz muss auf die Gesellschaftsform mittels „Kommanditgesellschaft" oder „KG" hingewiesen werden. Bis einschließlich 2006 gab es auch die Kommandit-Erwerbsgesellschaften (KEG). Diese gelten jetzt auch als KG.

Tipp

Bei der Kommanditgesellschaft trifft den Komplementär die unbeschränkte Haftung auf das gesamte Vermögen. Es ist jetzt aber auch möglich, statt einer natürlichen Person eine juristische Person in Form einer Kapitalgesellschaft als Komplementär einzusetzen. Die unbeschränkte Haftung des Komplementärs wird so auf die Haftsumme der Kapitalgesellschaft beschränkt. Bei einer GmbH als Komplementär lautet der im Firmenbuch einzutragende Zusatz dann „GmbH & Co. KG". Auch Ihre Kunden wissen natürlich, dass mit dieser Konstruktion die persönliche Haftung ausgehebelt werden soll. Prüfen Sie daher vorab, ob dies nicht auch zum Verlust von Aufträgen (aufgrund geringeren Vertrauens) führen kann.

Gesellschaft bürgerlichen Rechts (GesBR)

Die Gesellschaft bürgerlichen Rechts entsteht durch den formfreien (dies kann auch mündlich oder durch Handeln sein) Zusammenschluss von zumindest zwei Personen. Dies natürlich nur dann, wenn die Gesellschafter keine andere Gesellschaftsform wählen. Und auch wichtig: Im Gegensatz zu den anderen Gesellschaftsformen hat die GesBR keine eigene Rechtspersönlichkeit und wird nicht in das Firmenbuch eingetragen.

Sofern der Gesellschaftsvertrag nichts anderes vorsieht, sind alle Gesellschafter im gewöhnlichen Geschäftsbetrieb gleichermaßen zur Vertretung der Gesellschaft berechtigt. Zu beachten ist aber, dass der oder die anderen Gesellschafter ein Widerspruchsrecht haben. Bei einem Widerspruch ist die Handlung zu unterlassen. Außergewöhnliche Geschäfte wie der Kauf/Verkauf von Grundstücken, etc. bedürfen der Einstimmigkeit der Gesellschafter.

Gewinn und Verlust der Gesellschaft werden nach den Kapitalanteilen auf die Gesellschafter verteilt, der Gesellschaftsvertrag kann hier aber auch Abweichungen vorsehen. Die Versteuerung erfolgt bei jedem Gesellschafter mit der Einkommenssteuer. Überschreitet die GesBR beim Umsatz die Schwellenwerte für die Rechnungslegung (in zwei aufeinanderfolgenden Jahren Umsatz größer 700.000 Euro oder in einem Jahr größer 1.000.000 Euro), so muss die GesBR in eine OG oder KG umgewandelt werden.

Alle Gesellschafter haften für die Verbindlichkeiten uneingeschränkt mit ihrem gesamten Vermögen. Da jeder Gesellschafter zur Geschäftsführung bzw. Vertretung berechtigt ist, muss jeder auch die Gewerbeberechtigung besitzen. Dies ist ein wesentlicher Unterschied zur OG.

Die GesBR kann einen Gesellschaftsnamen führen, der jedoch auf die Gesellschaftsform GesBR hinweisen muss. Geeignete Formulierungen sind z.B. „GesbR", „Gesellschaft bürgerlichen Rechts" oder „Arbeitsgemeinschaft".

Tipp

Die GesBR ist eine typische Gesellschaftsform bei neuen Unternehmen mit mindestens zwei Gesellschaftern. Aufgrund der persönlichen Haftung und der Vertretung durch jeden Gesellschafter setzt sie in jedem Fall Vertrauen der Beteiligten voraus. In jedem Fall sollte ein schriftlicher Gesellschaftsvertrag abgeschlossen werden.

Ohne Risiko? Die Kapitalgesellschaften

Bei Kapitalgesellschaften ist die Haftung kraft Gesetz auf die Gesellschaft beschränkt. Dies bedeutet, dass die Gesellschafter für Schulden der Gesellschaft nicht haftbar gemacht werden können und deren Privatvermögen vor dem Zugriff der Gläubiger geschützt ist. Insbesondere bei kapitalschwachen Gesellschaften wird von einem Kreditgeber jedoch oft verlangt, dass die Gesellschafter per Vertrag auch persönlich haften.

Gemäß Gesetz ohne persönliche Haftung, bei Kreditverträgen zumeist dann doch

Gesellschaft mit beschränkter Haftung (GmbH, Ges.m.b.H.)

Die GmbH hat ein Mindestkapital von 35.000 Euro, von dem zumindest die Hälfte auch eingezahlt sein muss. Allerdings kann bei der Gründung der Gesellschaft das sogenannte Gründungsprivileg in Anspruch genommen werden. Dabei beträgt das Mindestkapital nur 10.000 Euro, das zumindest zur Hälfte eingezahlt sein muss. Während der Zeit der Gründungsprivilegien ist die Haftung auf das (verringerte) Kapital gemäß Satzung beschränkt. Das Gründungsprivileg endet nach spätestens zehn Jahren und erfordert neben einer Satzungsänderung auch die Einzahlung des danach höheren Kapitals.

Tipp

Seit dem 1. Jänner 2018 ist über das USP die eGründung von Einpersonen-GesmbH's möglich.

Bei Kapitalgesellschaften gibt es eine Mindeststeuer, die auch bei Verlusten anfällt

Die GmbH ist steuerpflichtig. Der Gewinn der Gesellschaft wird mit 25 Prozent Körperschaftssteuer belastet. Allerdings gibt es eine Mindestkörperschaftssteuer, die auch bei geringem Gewinn und Verlust anfällt. Diese beträgt fünf Prozent des gesetzlichen Mindeststammkapitals von 35.000 Euro, d.h. die Mindestkörperschaftssteuer beträgt 1.750 Euro. Bei Gründung nach dem 30.06.2013 beträgt die Mindestkörperschaftssteuer gemäß Gründungsprivileg jedoch nur 500 Euro je Jahr in den ersten fünf Jahren und 1.000 Euro je Jahr in den folgenden fünf Jahren.

Die Gesellschafter zahlen nur dann Steuern, wenn sie Ausschüttungen erhalten. Dies sind dann 27,5 Prozent auf den steuerpflichtigen Ausschüttungsbetrag. Die gesamte steuerliche Belastung auf ausgeschüttete Gewinne beträgt damit 45,625 Prozent.

Gewerberechtsträger ist immer die GmbH. Der gewerberechtliche Geschäftsführer, der zugleich auch handelsrechtlicher Geschäftsführer sein muss, oder ein Arbeitnehmer, der mit mindestens halber Wochenarbeitszeit angemeldet und nach dem Allgemeinen Sozialversicherungsgesetz (ASVG) versichert ist, muss den Befähigungsnachweis (► Seite 22) erbringen.

Tipp

Die GmbH erzeugt auch bei nur einem Gesellschafter nach außen hin das Bild einer größeren Gesellschaft. Dies kann bei Großunternehmen als Kunden wichtig sein, da diese oft keine Verträge mit Einzelunternehmen abschließen.

Aktiengesellschaft (AG)

Die AG hat ein Mindestkapital von 70.000 Euro, welches in Anteilsscheine (Aktien) mit einem nominalen (Nennbetragsaktien) oder rechnerischen (Stückaktien) Betrag von zumindest einem Euro eingeteilt ist. Die Gesellschafter (Aktionäre) sind verpflichtet den auf sie entfallenden Anteil am Grundkapital einzuzahlen.

Die Organe der Aktiengesellschaft sind die aus den Aktionären bestehende Hauptversammlung, der Vorstand und ein mindestens aus drei Mitgliedern bestehender Aufsichtsrat.

Die AG ist steuerpflichtig. Der Gewinn der Gesellschaft wird mit 25 Prozent Körperschaftssteuer belastet. Allerdings gibt es eine Mindestkörperschaftssteuer, die auch bei geringem Gewinn und Verlust anfällt. Diese beträgt fünf Prozent des gesetzlichen Mindeststammkapitals von 70.000 Euro, d.h. die Mindestkörperschaftssteuer beträgt 3.500 Euro.

Die Gesellschafter zahlen nur dann Steuern, wenn sie Ausschüttungen erhalten. Dies sind dann 27,5 Prozent auf den steuerpflichtigen Ausschüttungsbetrag. Die gesamte steuerliche Belastung auf ausgeschüttete Gewinne beträgt damit 45,625 Prozent.

Gewerberechtsträger ist immer die AG. Der Vorstand benennt den gewerberechtlichen Geschäftsführer, der zugleich auch handelsrechtlicher Geschäftsführer sein muss, oder einen

Arbeitnehmer, der mit mindestens halber Wochenarbeitszeit angemeldet und nach dem Allgemeinen Sozialversicherungsgesetz (ASVG) versichert ist. Diese müssen den Befähigungsnachweis erbringen.

Für eine Unternehmensgründung und nebenberufliche Selbstständigkeit ist die AG nicht geeignet

Nicht börsennotierte Aktiengesellschaften müssen Namensaktien ausgeben. Mit Namensaktien ist die Verpflichtung zur Führung eines Aktienbuchs verbunden. Im Verhältnis zur Gesellschaft gilt nur derjenige als Aktionär, der im Aktienbuch eingetragen ist.

Tipp

Für eine nebenberufliche Selbstständigkeit ist eine Aktiengesellschaft nur in Ausnahmefällen geeignet. Auch sind der Aufwand mit Berufung eines Aufsichtsrats sowie die Kenntnis des Aktiengesetzes für kleine Unternehmen nicht empfehlenswert. Besser ist es hier mit einer GmbH zu starten und erst beim Thema Börsegang in die Rechtsform der AG zu wechseln.

Mein Erscheinungsbild

„Kleider machen Leute" gilt auch für Unternehmen. Mit einem durchdachten Erscheinungsbild kann man wirkungsvoll Verkaufsförderung betreiben und Kosten für Werbung sparen. Aber es gibt auch viele Fehlerquellen, die man besser im Vorhinein kennt und vermeidet.

Was gilt es beim Unternehmensnamen zu beachten?

Der Unternehmensname (auch Firma, von lat. „beglaubigen", „befestigen") ist wie ein Aushängeschild. Aber: Bei Einzel- und Personenunternehmen sind Sie in der Gestaltung eingeschränkt, zumindest bei nicht im Firmenbuch eingetragenen Unternehmen. Schließlich müssen Sie ja den Vor- und Zunamen des bzw. eines Vollhafters in der Firma führen. Hier sollten Sie in jedem Fall einen passenden Namenszusatz verwenden. Ein Firmenname sollte:

- kurz und einprägsam sein
- im Idealfall Interesse wecken
- mit positiven Emotionen besetzt sein
- Ihr Geschäftsfeld verdeutlichen
- von Ihrer Zielgruppe leicht auszusprechen sein.

Nicht empfehlen können wir Ihnen:

- Abkürzungen wie VW, etc. Diese sind nicht selbstsprechend und erfordern daher einen hohen Werbeaufwand zur Bekanntmachung. Eine weitere Unterzeile zur Erklärung der Abkürzung hilft nicht weiter, da dies ja ein Verstoß gegen die erforderliche Kürze ist
- Kunstworte wie zusammengesetzte Worte: Diese haben möglicherweise einen höheren Aufmerksamkeitswert, in Suchmaschinen werden sie jedoch oft nicht gefunden
- Akronyme (aus den Anfangsbuchstaben mehrerer Worte gebildetes Kunstwort): zumeist auch nicht sprechend
- Die Übernahme von Trends in die Unternehmensbezeichnung, da diese zumeist eine längere Lebensdauer hat als der Trend (z.B. „24", „vegan", ...)

Nicht jeder Name ist gleich sinnvoll und erfolgversprechend

Prüfen Sie immer, ob der Name nicht bereits von anderen verwendet wird. Dies kann z.B. durch Eingabe in eine Suchmaschine geschehen. Hier droht ansonsten möglicherweise eine Unterlassungsklage. Aber auch sonst ist eine doppelte oder mehrfache Verwendung nicht empfehlenswert. Denn bei dieser „me too"-Strategie wirkt die eingesetzte Werbung zumeist nicht für einen selbst, sondern für das Original.

Im besten Fall können Sie den Unternehmensnamen auch als Namen Ihrer Homepage verwenden, so dass sich der Name durch mehrfache Wiederholung schneller einprägt. Dabei können wir Ihnen jedoch nur die Endungen „AT" für Österreich und „COM" für Commercial empfehlen. Alle anderen sind weniger bekannt und führen dazu, dass man Sie trotz Kenntnis der Domain möglicherweise nicht findet.

Tipp

Mit www.namecheck.com können Sie prüfen, ob Ihr Wunschname bereits als Domain registriert ist. Gleiches ist auch mit www.world4you.com möglich, wobei hier auch die Reservierungsmöglichkeit gegeben ist. Nur für „at"-Adressen können Sie www.nic.at/de verwenden.

Gutes Image durch Selbstbewusstsein?

Warum sind Sie mit Ihren Leistungen für bestimmte Kunden die beste Wahl? Worin unterscheiden Sie sich vom Umfeld der Mitbewerber. Und welchen Nutzen haben die Kunden davon, dass Sie mit Ihren Leistungen etwas Besonderes bieten? Mal ehrlich: Würden Sie sich selbst – an Stelle Ihrer Kunden – für Ihre eigenen Leistungspakete entscheiden?

Diese strategischen Fragen dienen dazu, das eigene Unternehmen mit den Augen der Kunden wahrzunehmen. Das ist zentrale Voraussetzung für Ihren Erfolg. Kunden beurteilen aus ihrer Perspektive ihren Nutzen, die Qualität und damit den Wert Ihrer Leistungen. Sie prägen das Image Ihres Unternehmens.

Tipp

Versetzen Sie sich in Ihre Kunden hinein. Fragen Sie sich aus dieser anderen Perspektive: Warum soll ich dieses Produkt kaufen? Was ist mein Nutzen?

Gesundes Selbstbewusstsein hilft beim positiven Erscheinungsbild des Unternehmens

Bescheidenheit ist eine Tugend, zu der viele von uns erzogen wurden. Im Geschäftsleben ist es jedoch zugleich eine Falle. Wenn man aus seinem Hobby, aus persönlichen Talenten und kreativen Ideen Business entwickeln möchte, muss man die eigene Werteskala zu „Bescheidenheit" hinterfragen und zugunsten anderer Prinzipien der Professionalität ändern: Die eigenen Leistungen müssen selbstbewusst ins rechte Licht gerückt werden. Nur wenn man von den eigenen Leistungen überzeugt ist und die Kunden hiervon überzeugen kann, kann man auch ein angemessenes Honorar fordern und erhalten.

Im Leistungssport konzentriert man sich zu 80 Prozent auf die Stärken. Schwächen finden nur dann Beachtung, wenn sie für den Erfolg kritisch sind. Es zahlt sich aus, sich immer wieder bewusst zu machen, welche Stärken diese (Teil-)Erfolge ermöglicht haben. Damit geht man gut gerüstet in die nächsten Herausforderungen. Schließlich ist das, was viele Unternehmer beruflich und privat meistern, mit dem Ausdauer- und Leistungssport absolut vergleichbar.

Oft fällt es bescheidenen Menschen schwer, sich mit Erfolgen zu identifizieren. Die Wurzeln des Erfolgs werden dann nach außen geschoben. „Da hab ich halt Glück gehabt." „Es war ein tolles Team." „Die Umstände waren günstig." Herbstrith-Lappe (2016) erinnert hier an Napoleon: Er hat bei Beförderungen gerne diejenigen ausgewählt, die Glück haben. Er war davon überzeugt, dass diese viele Fähigkeiten mitbringen: Glückspilze schätzen Situationen umfassend ein, erkennen Chancen und meistern Risiken, sind gut vorbereitet und startklar, wenn sich Chancen bieten, sind vorausschauend und bringen sich damit nicht in missliche Situationen, in denen sie dann Pech hätten.

E-Mail-Adressen: Wie lassen sich typische Fehler einfach vermeiden?

Sie sind oder werden nebenberuflich selbstständig. Und wollen dabei Ihren organisatorischen und finanziellen Aufwand möglichst begrenzen? Dagegen ist nichts einzuwenden. Allerdings sollten Sie folgende Fehler strikt vermeiden, da diese auf Ihr äußeres Erscheinungsbild und damit auf Ihren angestrebten Geschäftserfolg Auswirkungen haben.

Fehler 1: Die hauptberufliche E-Mail-Adresse verwenden. Sie sind bei der Stadtverwaltung, einem größeren Unternehmen, etc. angestellt und haben dort eine eigene E-Mail-Adresse, welche z.B. Ihren Arbeitgeber ausweist. Diese Adresse dürfen Sie nie verwenden! Zuerst einmal würden alle E-Mails aus Ihrer nebenberuflichen Selbstständigkeit an Ihrem hauptberuflichen Arbeitsplatz ankommen und dort auch auf den Servern gespeichert werden. Bei Ihrem Arbeitgeber kann dann leicht der Eindruck entstehen, dass Sie sich während Ihrer hauptberuflichen Arbeitszeit mit privaten Dingen beschäftigen. Dies kann ein Kündigungsgrund sein! Aber auch aus Sicht Ihrer Kunden ist dies natürlich fragwürdig: Was hat Ihre (neben-)berufliche Tätigkeit z.B. mit der Stadtverwaltung, dem E-Werk, der bekannten Unternehmung, etc. zu tun?

Fehler 2: Eine kostenlose E-Mail-Adresse verwenden. Ohne Kosten eine E-Mail-Adresse erhalten? Bei Anbietern wie „gmx", „hotmail", „web", „t-online", usw. kein Problem. Nur ist dieser Anbieter dann in der E-Mail-Adresse deutlich sichtbar, z.B. als max.mustermann@gmx.at. Und damit ist für jeden Kunden und Betrachter klar: dies ist eine kostenlose E-Mail-Adresse, die üblicherweise von Privatpersonen verwendet wird. Hier entsteht leicht der Eindruck eines unprofessionellen Außenauftritts, der sich natürlich auf die Außenwahrnehmung Ihres Unternehmens auswirken kann.

Besser: Die professionelle Lösung. Inzwischen gibt es viele Anbieter von Domain-Adressen für Web-Seiten, die zusätzlich auch E-Mail-Accounts anbieten. Und was für Sie wichtig ist: Die Kosten belaufen sich zumeist nur auf 5 bis 10 Euro im Monat. Und Ihnen bietet dies die Möglichkeit, professionell mit Ihrer Unternehmensbezeichnung am Markt aufzutreten.

Tipp

Wir empfehlen Ihnen zumindest zwei E-Mail-Adressen, die Sie aus Gründen der Arbeitsersparnis natürlich auch als alias-Namen anlegen können:

- Max.mustermann@mein-unternehmen.at
- office@mein-unternehmen.at

Die zweite Adresse eignet sich natürlich auch gut für die Nennung auf Briefpapier und Homepage. Auch ein Ein-Personen-Unternehmen (EPU) wirkt aufgrund der office-Adresse gleich ein kleines bisschen größer und professioneller.

Eine zweite E-Mail-Adresse lässt Ihr Unternehmen größer erscheinen

E-Mail-Kommunikation: Wie lassen sich Fehler vermeiden?

Das E-Mail hat den geschriebenen Brief in vielen Fällen abgelöst und alles muss schnell gehen? Dann nehmen Sie sich bitte dennoch etwas Zeit und achten Sie auf eine wertschätzende Kommunikation. Wir geben einige Tipps die dazu beitragen können, dass Ihr Mail die gewünschte Wirkung hat.

- **Gezielt adressieren.** Nehmen Sie nur diejenigen Personen in das „An"-Feld, die Sie auch wirklich ansprechen wollen. Nur zu informierende Personen gehören in das „CC"-Feld. Vermeiden Sie in jedem Fall riesige Adressfelder. Bei Antworten auf Mails sollte immer geprüft werden, ob ein „Allen antworten" wirklich notwendig ist.

- **Aussagekräftiger Betreff.** Mails ohne oder mit einem schlechtformulierten Betreff werden nicht oder erst spät gelesen. Verwenden Sie immer einen aussagekräftigen Betreff, der den Inhalt des Mails auf den Punkt bringt. Und bei mehrfachem Hin- und Her-Senden von Mails kann der Betreff auch an den Stand der Entwicklung angepasst werden.
- **Anrede.** Sprechen Sie Ihren Gesprächspartner persönlich an. Je nach Situation und Bekanntheitsgrad kann dies eher leger oder sehr formell sein. In keinem Fall sollten Sie Mails ohne Anrede oder nur mit einem „Hi", „Hallo", … ohne Namen versenden. Die Verwendung des Namens ist ein Zeichen von Wertschätzung.
- **Einstieg in das Mail.** Verwenden Sie den ersten Satz, um zum Menschen bzw. zur Beziehung zu kommen. Mit dem zweiten Satz geben Sie dann eine Orientierung, worum es in dem Mail geht.
- **Übersichtliche Darstellung.** Strukturieren Sie Ihre Gedanken und danach das Mail. Es sollte in kurzer prägnanter Form das Anliegen auf den Punkt bringen. Lange verschachtelte Sätze sollten vermieden werden, ebenso ausschweifende Erläuterungen, etc.
- **Zusammenfassung.** Oft ist zum Schluss eine kurze Zusammenfassung sinnvoll.
- **Grußworte und Unterschrift.** Machen Sie es wie beim Brief: En Grußwort und der eigene Name als Unterschrift gehören dazu. Wieder von zu wenig Achtsamkeit zeugen hingegen: kein Grußwort, nur der eigene Nachname, Name nur in der Signatur.

Tipp

Oft sind es Kleinigkeiten wie der Betreff, die Anrede oder das Grußwort, die den Unterschied zwischen guter und schlechter Kommunikation ausmachen. Nehmen Sie sich einen kurzen Augenblick dafür und verbessern so die Erfolgschancen Ihrer Kommunikation.

Was kostet eine Homepage?

Strukturieren Sie im Vorhinein Ihre Vorstellungen und damit den Umfang der Homepage

Das kommt ganz darauf an, wie umfangreich Ihre Vorstellungen sind. Unterscheiden muss man in jedem Fall die erstmaligen Erstellungskosten und dann die laufenden Kosten für die Pflege der Inhalte. Hier empfehlen wir Ihnen in jedem Fall die Möglichkeit, dass Sie selbst die Homepage pflegen können.

Bei den Erstellungskosten ist zu unterscheiden, ob Sie die Homepage selbst erstellen wollen und können, oder ob Sie hierfür einen externen Auftrag vergeben möchten. Für eine Homepage als „Visitenkarte" im Netz mit rd. zehn Seiten bezahlen Sie ab 1.000 Euro. Wenn Sie mehr Seiten benötigen, möglicherweise einen Web-Shop oder Einbindung von Facebook, Twitter, einen Blog, etc. sind Sie schnell im fünfstelligen Bereich.

Bevor Sie selbst oder gemeinsam mit Grafiker/Programmierer loslegen, gilt es aber zu klären, was Sie denn wollen: wie viele Seiten, wie viele und welche Funktionen? Nehmen Sie ein größeres Blatt zur Hand und zeichnen Sie Kästchen für die benötigten Seiten incl. der Unter- bzw. Überordnungen (wie komme ich wohin). Hier sollten Sie sich auf maximal vier (besser: drei) Ebenen beschränken, sonst findet sich der Anwender nicht zurecht. Vergessen Sie auch nicht auf die rechtlich vorgeschriebenen Seiten für „Impressum", „Datenschutz" und „AGB's.

Erstellen Sie für jede Seite der Homepage einen knappen und klaren Text. Legen Sie diesen auch Freunden mit der Bitte um ein Feedback vor. Der Text muss verständlich und auf Ihre Zielgruppe (► Seite 14) zugeschnitten sein. Sofern Sie – was sinnvoll ist – Bilder verwenden wollen, sollten Sie diese kaufen. Hier gibt es inzwischen einige preiswerte Anbieter und Sie vermeiden eine teure Unterlassungsklage bei Urheberrechtsverletzungen.

Tipp

Holen Sie mehrere Vergleichsangebote auch von kleineren Agenturen ein mit Angabe der Anzahl Seiten und der benötigten Funktionen. Und wichtig: Lassen Sie sich Referenzen nennen. Sie können sich dann immer noch entscheiden, es selbst zu machen. Dafür gibt es einige auch kostenlose Software im Internet, z.B. wordpress oder joomla. Diese bieten auch Design-Vorlagen an, die Sie nutzen können.

Auch kleinere Agenturen bieten gute Leistungen

Welche Informationen muss ich veröffentlichen?

In einer Vielzahl von Gesetzen ist geregelt, welche Informationen Unternehmen über sich veröffentlichen müssen.

Homepage: Welche Mindestanforderungen gibt es?

Es sind zumindest folgende Informationen Pflicht:

- **Impressum.** Die Informationspflichten hängen von der Unternehmensform ab und sind in einer Vielzahl von Gesetzen geregelt. Mitglieder der Wirtschaftskammer können mittels Link auf die Seite Firmendaten der Wirtschaftskammer verweisen und haben so sehr einfach eine Vielzahl an benötigten Daten zur Firma berücksichtigt.

Tipp

Eine übersichtliche Darstellung mit Beispielen für unterschiedliche Rechtsformen findet sich in der Broschüre „Das korrekte Website-Impressum" der Wirtschaftskammer (siehe Literaturverzeichnis ► Seite 135).

- **Datenschutz gemäß der Datenschutz-Grundverordnung (DSGVO).** Hier beschreiben Sie, welche Daten des Homepage-Besuchers von bzw. über die Homepage erfasst/verarbeitet werden. Dies schließt auch Cookies und die Datenweitergabe an Facebook, Twitter, Amazon, … ein.
- **Allgemeine Geschäftsbedingungen (AGB).** Vergessen Sie nicht, für Ihr Unternehmen Allgemeine Geschäftsbedingungen (AGB's) auf der Homepage zu veröffentlichen. Dabei handelt es sich um vorformulierte Geschäftsbedingungen, die Sie mit Ihren Kunden oder Lieferanten bei Beauftragung vereinbaren. Die AGB dienen der Vereinfachung von Verträgen, im Einzelvertrag muss dann nur noch auf die AGB verwiesen werden.

Tipp

Muster dazu finden Sie bei der Wirtschaftskammer unter https://www.wko.at/service/agb.html

Briefpapier: Gibt es einen rechtlichen Rahmen?

Alle im Firmenbuch eingetragenen Unternehmen müssen auf Geschäftspapieren, d.h. Briefpapier, Bestell- oder Lieferscheinen folgende Informationen veröffentlichen:

- die Firma
- die Rechtsform
- den Sitz gemäß Firmenbuch
- die Firmenbuchnummer
- das Firmenbuchgericht
- bei einem Unternehmen in Liquidation ist hierzu ein Hinweis aufzunehmen

Ist ein Unternehmen nicht im Firmenbuch angeführt und unterliegt es der Gewerbeordnung, so muss zumindest die Firma auf den Geschäftspapieren erscheinen.

Tipp

Die Kontonummer (IBAN) und die UID-Nummer müssen nicht angeführt werden. Wird die IBAN nicht angeführt, so erleichtert dies den Bankwechsel zum Sparen von Kosten.

E-Mail und newsletter: Was gilt es zu beachten?

Auch E-Mails und Newsletter benötigen ein Impressum

Es wird oft vergessen, dass auch in E-Mails für Unternehmen eine Impressumspflicht besteht! Sie dient der leichteren Identifikation des Absenders. Schwierig wird es dadurch, dass diese je nach Unternehmensform unterschiedlich ist und zum Teil auch in unterschiedlichen Gesetzen geregelt wird.

Die Bestimmungen gelten für jede Form von elektronischer Post und daher auch für Nachrichtensysteme von sozialen Medien wie z.B. XING, Facebook und Twitter.

Tipp

Eine übersichtliche Darstellung mit Beispielen findet sich in der Broschüre „Das korrekte E-Mail-Impressum" der Wirtschaftskammer (siehe Literaturverzeichnis ► Seite 135).

Sind Visitenkarten noch zeitgemäß?

Sind Visitenkarten nicht ein Relikt aus der Zeit vor der Digitalisierung? Auf diese Frage gibt es eine eindeutige Antwort: Nein! Eher im Gegenteil: In der sogenannten digitalen Zeit kommt es noch mehr auf die Menschen an, mit Gesprächen und mit Netzwerken (► Seite 57). Visitenkarten erfüllen dabei zumindest drei Funktionen:

- **Übergabe.** Sie geben dem Gesprächspartner etwas von sich. Hier übernimmt die Visitenkarte schon fast die Funktion eines „Geschenks", den Ausdruck einer persönlichen Wertschätzung.

- **Gesprächsunterstützung.** Am Beginn eines Gesprächs erleichtert sie auch die Kommunikation, da sie etwas über das Unternehmen, Ihre Position, mögliche Titel, etc. aussagt und zum Nachfragen einlädt.
- **Erinnerung.** Die übergebene Visitenkarte hilft es dem Gesprächspartner, sich an Sie zu erinnern. Wie war der Name, die Funktion, was war das Geschäft?

Visitenkarten sind heutzutage nicht mehr teuer, auch im Internet gibt es viele Anbieter, bei denen man sich eine Visitenkarte selbst gestalten kann. Wert legen sollte man dabei auf eine klare Strukturierung mit nicht zu vielen Daten. Und natürlich auf das Papier! Dieses wird vom Empfänger haptisch wahrgenommen und gibt diesem unbewusst einen Eindruck von der Qualität. Eine dickere Papierstärke ist hier ein Muss, abgerundete Ecken oder erhabene Stellen (z.B. Name, Logo) zeugen von Exklusivität, etc. Ein Eindruck, der sich leicht auch auf Sie und Ihr Geschäft überträgt und hierzu passen sollte. Folgende Daten sollten in jedem Fall enthalten sein:

Welche Informationen sind wichtig?

- Titel, Vorname und Name
- Adresse
- Firma, Funktion
- Logo, sofern vorhanden
- Festnetz-Nummer und Handy-Nummer (im internationalen Format)
- E-Mail
- Homepage

Oft vergessen wird die Rückseite, die entweder für die Aufteilung obiger Informationen genutzt werden kann oder auch für (wenige) zusätzliche Informationen z.B. zu Ihrem Geschäft: „Lieferant preiswerter Qualitätsweine", „Interims-Manager für die Branchen …", „Trainer und Speaker bei internationalen Konferenzen", etc.

Brauche ich ein Firmenschild?

Jeder Gewerbetreibende ist verpflichtet, seine Betriebsstätte – den Ort der Gewerbeausübung – von außen gut sichtbar zu kennzeichnen. Dies gilt auch dann, wenn die Wohnung des Gewerbetreibenden auch gleichzeitig sein Gewerbestandort ist. Auch hier muss vor der Wohnung oder beim Hauseingang eine Firmentafel angebracht werden.

Tipp

Eine kleine, aber gut lesbare Tafel bei der Klingel oder an der Wohnungstür ist ausreichend.

Es ist nicht ausreichend, nur den Stammbetrieb mit einer äußeren Geschäftsbezeichnung zu versehen, sondern auch jede weitere Betriebsstätte muss gekennzeichnet sein. Eine weitere Betriebsstätte ist auch dann gegeben, wenn an einer „standortgebundenen Einrichtung" nur eine Teiltätigkeit des Gewerbes ausgeübt wird. Auch für Betriebsstätten, in welchen nur eine vorübergehende Gewerbeausübung erfolgt, sowie Magazine, Baustellen und dergleichen benötigt man eine äußere Geschäftsbezeichnung. In gut sichtbarer Schrift ist bei einer äußeren Geschäftsbezeichnung jedenfalls folgendes anzuführen:

- der Namen des Gewerbetreibenden und
- ein unmissverständlicher Hinweis auf den Gegenstand des Gewerbes.

Wie Sie Ihr Unternehmen an der Tür erkennbar machen

Einzelunternehmer, die nicht im Firmenbuch eingetragen sind, müssen ihren Vor- und Zunamen mit eventuellem Zusatz anführen. Unternehmer, die im Firmenbuch eingetragen sind, müssen ihren Firmenwortlaut verwenden.

Es versteht sich fast von selbst, dass die äußere Geschäftsbezeichnung bereits vor dem Betreten der Betriebsstätte ausreichend erkennbar sein muss.

Tipp

Das „Vergessen" der äußeren Geschäftsbezeichnung wird mit Verwaltungsstrafen von bis zu 1.090 Euro belegt. Es lohnt also, diesem scheinbar unwichtigen Punkt etwas Aufmerksamkeit zu widmen. Und wenn es schon gemacht werden muss, sollte es auch einen professionellen Eindruck erwecken. Denn dies ist auch Ausdruck des Erscheinungsbildes eines Unternehmens.

Meine Produkte verkaufen

Gleich für welche Geschäftsidee Sie sich entschieden haben: Sie möchten Produkte bzw. Dienstleistungen verkaufen. Wir greifen einige Fragen heraus, was dabei zu beachten ist.

Was ist bei der Honorargestaltung zu beachten?

Selbstständige wie Berater, Rechtsanwälte, etc. mit Honoraren stehen vor dem Problem, was denn ein angemessenes Honorar ist. Bei Trainern beispielsweise reicht die Honorarspanne von circa 25 Euro beim Arbeitsmarktservice (AMS) bis hin zu 300 Euro Stundensatz für Spitzentrainer. Wo ist dort Ihr Platz?

Insbesondere bei nebenberuflich Selbstständigen wird der Fehler gemacht, vom angestellten Lohn auf den richtigen Preis für selbstständige Tätigkeit zu schließen. Also Bruttolohn je Monat dividiert durch 160 Monatsstunden ist gleich Honorarvorstellung?! Dies aber ist falsch! Vergessen werden hier die Sozialabgaben (Arbeitgeberanteil), Urlaubsgeld, Krankheitskosten, Kosten der Infrastruktur, Weiterbildung, Zeit und Kosten für Akquise, etc. Dies alles geht sich mit 25 Euro Stundenhonorar nicht aus. Also mehr – nur wieviel mehr? Gehen Sie in folgenden Schritten vor:

Was ist für meine Leistung angemessen?

- **Bandbreite des Marktes ermitteln.** Z.B. im Gespräch mit Kollegen, Wirtschaftskammer, Internet-Recherche
- **Wo stehe ich im Markt?** Wie sind Sie in Bezug auf Erfahrung, Kenntnissen, … im Markt einzuordnen?
- **Behelfsgrößen verwenden.** Wenn die Analyse des Marktes nicht einfach ist, können Sie auch mit Hilfsgrößen arbeiten. Die Installateur-Stunde kostet in Wien aktuell 82 Euro incl. Mehrwertsteuer. Haben Sie eine gleiche/bessere Ausbildung, Kenntnisse in Ihrem Gebiet, etc.?
- **Preis festlegen**

Fokussieren Sie sich nicht ausschließlich auf den Stundensatz, es gibt u.a. noch andere Faktoren:

- Fahrtzeit: kostenfrei, zum vollen Stundensatz, dazwischen?
- Km-Geld: amtliches km-Geld oder etwas mehr
- Abrechnung: minutengenau, in 5-Minuten-Blöcken oder je angefangene Stunde?
- Zahlungsziel 14 Tage oder 30 Tage?

Tipp

Wenn möglich, sollten Sie Ihre Honorarvorstellung im persönlichen Gespräch ansprechen. Sie sehen dann die Reaktion des Gegenübers und können im Sinne von Preisverhandlungen (► Folgepunkt) gegensteuern. Möglicherweise ist es hilfreich, für bestimmte Kundengruppen wie soziale Einrichtungen, Behörden, etc. Verhandlungsspielraum zu signalisieren.

Wie führt man Preisverhandlungen erfolgreich?

Hartes, kämpferisches oder manipulatives Verhandeln hat lt. Lappe und Herbstrith-Lappe (2016) den Preis, dass Ihr Gegenüber sich danach unterlegen fühlt und nur auf die Gelegenheit der Retourkutsche wartet – oder aber in die innere Resignation geht. Schlecht, wenn man derart geschwächte und/oder verärgerte Personen zur Umsetzung der Verhandlungsergebnisse braucht – z.B. bei zukünftigen Geschäftsbeziehungen, Verhandlungen mit Kooperationspartnern oder beim Verkaufen/Einkaufen von Dienstleistungen, die dann gemeinsam erbracht werden. In unserer Kultur herrscht der Glaubenssatz des Nullsummen-Spiels vor: „Des einen Freud – des anderen Leid." Dementsprechend gleicht Verhandeln oft einem Feilschen, in das man mit der Haltung geht: Der andere will mich sicher über den Tisch ziehen. Das möchte ich verhindern. Daher versuche ich mein Gegenüber über den Tisch zu ziehen.

Während man bei kämpferisch verhandelnden Männern anerkennend von taktischer Klugheit oder ergebnisorientierter Durchsetzungsstärke sprechen würde, heißt es bei Frauen eher abwertend „Falschheit" oder „ellbogenreiche Rücksichtslosigkeit". Die „Nettigkeitsfalle" steht weit offen: Aus der Befürchtung, nicht mehr als liebenswürdig und sozial kompetent zu gelten, verliert man leicht die eigenen Interessen aus dem Auge. Man will den anderen nicht verletzen und lässt es dann zu, selbst verletzt zu werden.

Verhandeln sollte einerseits klar, konsequent und ergebnisorientiert auf der Sachebene und andererseits verständnisvoll und wertschätzend auf der Beziehungsebene sein. Denn ein Grundbedürfnis hat das Vis-a-vis immer: das Wahren des Gesichts. Denken Sie bei Verhandlungen immer auch daran, dass der andere das Verhandlungsergebnis gegenüber sich und anderen vertreten können muss.

Was habe ich, das ich nicht benötige, der andere jedoch braucht?

Auf der Suche nach Win-Win-Lösungen entstehen leicht Loose-loose-Kompromisse. Weder Fisch noch Fleisch fühlt sich der faule Kompromiss an, mit dem beide unzufrieden sind. Doch sind die vielzitierten „Win-Win-Ergebnisse" auch wirklich möglich? Was sind die Voraussetzungen und Erfolgsfaktoren dafür? Kontraproduktiv sind das Machtspiel „Wer hat Recht?" und das vielpraktizierte „Entweder-oder-Denken". Ein verbindendes, verbindliches „Sowohl-als-auch" ist wesentlich öfter möglich, als man glaubt. Um Win-Win-Situationen zu erschließen, muss man zusätzliche Verhandlungsdimensionen eröffnen. Das setzt Kreativität voraus. Und diese ist unter Stress in unserem Hirn biologisch ausgeschaltet. Entspannt im Vorfeld lassen sich in einer fundierten Vorbereitung Konsensmöglichkeiten finden. Wenn zwischen Auftraggeber und Auftragnehmer nur die Höhe des Honorars verhandelt wird, ist es ein Tauziehen: je mehr der eine haben will, desto mehr muss der andere nachgeben. Kommen aber zusätzliche Dimensionen dazu, wie z.B. Auftragsvolumen, Zahlungsbedingungen, Marketingaspekte, etc., desto wahrscheinlicher ist es, dass beide mit einem guten Gefühl aus der Verhandlung gehen.

Mental folgt Erfolg der Vorstellung vom Erfolg. „Was möchte ich idealerweise in der Verhandlung erzielen?" Je kreativer und lustvoller Sie sich das Wunschergebnis der Gesprächsrunden ausmalen, desto wahrscheinlicher ist es, dass auch vieles davon eintritt. Im Leistungssport macht Mentaltraining gegenüber dem Realtraining mittlerweile weit mehr als 50 % aus. Das Hirn kann kaum unterscheiden zwischen Filmen und Bildern, die imaginiert sind und solchen, die realen Wahrnehmungen entstammen. Erfahrungslernen ist in beiden Fällen gewährleistet. Und da die Wahrnehmung, die immer höchst selektiv ist, den Vorstellungen folgt, können Sie sich in dieser Weise auf Verhandlungserfolg programmieren.

Tipp

Sprechen Sie beim Gesprächspartner an, dass Sie z.B. zu für Sie schlechteren Zahlungszielen bereit sind, wenn er Ihnen entgegenkommt, z.B. bei:

- gemeinsamen Marketing-Aktivitäten
- höherem Auftragsumfang
- aktiver Weiterempfehlung
- Gutschrift bei einem Folgeauftrag
- Erlaubnis zur Nennung als Referenz
- oder ...

Machen Sie sich aber auch schon vorab klar, was für Sie die k.o.-Kriterien sind, die absoluten „must-have's", die Sie unbedingt erreichen müssen – andernfalls würden Sie den Verhandlungstisch verlassen. Denn kein Verhandlungsergebnis oder die Vertagung der Verhandlungen – z.B. um zusätzliche Informationen und Aspekte zu sammeln – können auch ein gutes Ergebnis sein. Erarbeiten Sie aber auch vorab Ihre persönliche Wunschliste für „Nebengeleise" gemäß dem Motto: Wenn ich schon beim angestrebten Ergebnis Abstriche machen muss, dann hätte ich dafür gerne etwas von meiner Wunschliste als versöhnlichen Ausgleich.

Absolut förderlich für Ihr eigenes Ergebnis ist es auch, sich in die Lage des Verhandlungspartners zu versetzen. Eine gründliche Recherche ist die Voraussetzung, um zu verstehen, was die Verhandlungsziele des Gegenübers sein könnten. Stellen Sie sich auch eine Liste der Zugeständnisse an den Partner zusammen: Womit könnten Sie es ihm schmackhaft machen, sich mit Ihren Vorschlägen anzufreunden? Wie sieht die persönliche Wunschliste für „Nebengeleise" des Gegenübers aus? Entscheidend ist dabei nicht der Aufwand der Zugeständnisse für Sie, sondern der Nutzen und Wert Ihrer Angebote für den anderen. Es gilt daher, Ihre Verhandlungsziele, zusätzlichen Wünsche und Zugeständnisse so zu verpacken, dass sie für Ihren Verhandlungspartner attraktiv oder zumindest mit gutem Gefühl akzeptabel sind. Das setzt voraus, dass Sie sich in die Sichtweise des Gegenübers möglichst gut einfühlen bzw. eindenken.

Auch bei Verhandlungen muss klar sein: Was sind die k.o.-Kriterien?

Meine Werbestrategie: Wie finden mich die Kunden?

Bereits im Kapitel „Wer sind meine Kunden?" (► Seite 14) wurde das Thema der Werbung gestreift. Und zwar zu Recht! Nur wenn ich weiß, wen ich als (zukünftigen) Kunden ansprechen will, kann ich die richtige Werbestrategie ein- und umsetzen. Dementsprechend unterschiedlich sind auch die „richtigen" Strategien. Wir stellen einige vor, die Sie prüfen sollten, ob diese zu Ihrer Produkt- und Geschäftsidee passen könnten.

Homepage. Eine Homepage ist heutzutage in fast allen Branchen ein „must have". Sie bietet den Interessenten zumindest eine Informationsmöglichkeit über Sie und Ihr Leistungsspektrum, Ihre Öffnungszeiten, etc. Überlegen Sie für sich, ob das Führen eines Blogs bei Ihrem Geschäftsmodell Sinn macht. Hier veröffentlichen Sie auf Ihrer Homepage Textbeiträge, die von Lesern abonniert werden können. Auch haben die Blogs den Vorteil, dass sie auch in Google gelistet werden und so über das Thema des Blogs zu Ihrem Unternehmen führen.

Tipp

Beim Abonnieren von Blogs, aber auch beim Verlinken von Ihrer Homepage zu Social-Media-Plattformen werden Daten der Nutzer gespeichert und verarbeitet. Beachten Sie dabei unbedingt das Thema der Datenschutz-Grundverordnung (► Seite 61) und weisen Sie in einem Kapitel „Datenschutz" der Homepage auf Verarbeitungen hin.

Suchmaschinenoptimierung. Wie aber wird die Homepage gefunden, wenn der Interessent den Namen von Ihnen oder der Homepage nicht kennt oder „nur" nach den Produkten/Dienstleistungen sucht? Dann bietet sich eine Optimierung der Homepage für Suchmaschinen an. Die Angebote sind vielfältig und oft teuer. Auch ist zu beachten, dass:

- Suchmaschinen laufend weiterentwickelt werden, d.h. sich die Kriterien für eine erfolgreiche Suche ändern,
- und sich die Frage stellt, wer der erste in der Trefferliste ist, wenn alle Webseiten nach den gleichen Kriterien optimiert werden.

Mögliche und preiswerte Möglichkeiten der Optimierung sind jedoch:

- Einrichtung einer sicheren Webseite mit „https" (Hypertext Transfer Protocol Secure) statt „http"
- Besprechen Sie mit Kooperationspartnern eine wechselseitige Verlinkung. Eine hohe Anzahl von Links führt zu einer besseren Sichtbarkeit in Suchmaschinen.
- Lassen Sie auch von Gastbeiträgen (► Seite 58) einen Link auf Ihre Homepage einrichten
- Jede Seite der Homepage sollte einen Titel haben, der einen sprechenden Inhalt aufweist. Eine gute Beschreibung der Seite hat zwar keinen Einfluss auf die Treffergenauigkeit bei Google, jedoch wird sie mit angezeigt und kann Leser zum Anklicken der Seite anregen.
- Verlinken Sie auf Social-Media-Plattformen mit der Möglichkeit eines Like-Buttons
- Verwenden Sie sinnvolle und sprechende Begriffe für Ihr Geschäft sowohl im Titel der Seite als auch im Text. Sofern Sie nur an einem bestimmten Ort/Gebiet tätig sind (z.B. Klavierlehrer in Graz) sollte auch der Ort in Titel und Text aufgenommen werden. Dies erhöht die Trefferquote bei allen Suchanfragen mit Gebietseinschränkung.

Social media. Auf Facebook, Twitter, Google+, etc. gibt es die Möglichkeit einer Unternehmensseite. Hier können Sie auch kleine Artikel, Beiträge usw. verfassen, die (hoffentlich) von anderen gelesen, „geliked" und weiterempfohlen werden. Bei Nutzern kommen insbesondere Bilder und kleine Videos gut an. Dies bringt einerseits direkt Aufmerksamkeit, führt aber zugleich auch zu besseren Ergebnissen in Suchmaschinen. Verlinken Sie diese Seiten in den sozialen Medien in jedem Fall mit Ihrer Homepage. Aber achten Sie auf das Copyright: Ein Verstoß dagegen kann sehr teuer werden.

Tipp

Bezahlte Werbung auf Social-Media-Plattformen lässt sich wesentlich zielgerichteter adressieren als Werbung in Zeitungen, Zeitschriften, etc. So können Personen mit bestimmten Hobbies, demografischen Eigenschaften, etc. direkt adressiert werden und gewünschte Kunden damit mit geringeren Streuverlusten erreicht werden. Aber versprechen Sie sich keine Wunder: Die Wirkung dieser Werbebotschaften ist kurzlebig.

Auf Instagram mit schönen Fotos Anwalts-Klienten gewinnen

Neben Facebook gilt inzwischen auch Instagram als gute Werbeplattform bei jungen Personen, was auf den ersten Blick aufgrund der Konzentration ausschließlich auf Bilder überraschen mag. Hier gilt es, Fotos zu posten, die einen guten Eindruck von Ihnen und Ihrem Produkt erzeugen. Die Sichtbarkeit dieser kurzen Bild-Botschaften wird natürlich erhöht, wenn Sie bereits Fans auf Instagram haben, die diese Fotos sehen. Frey (2019) berichtet sogar von einer Wiener Anwältin, die in einer ansonsten eher konservativen Branche über Instagram Kunden gewinnt. Neben reinen Fotos können inzwischen auch kleine Videos oder Live-Funktionen mit Einblick in Ihr Unternehmen kostenfrei genutzt werden. Oder Sie beauftragen kostenpflichtig einen sogenannten Influencer, der viele Follower in Ihrer Zielgruppe hat. Dieser präsentiert dann sich selbst mit Ihren Produkten.

Bei allen Plattformen und Suchmaschinen ist es auch möglich, gesponsorte Beiträge zu veröffentlichen oder sich gegen Entgelt einen besseren Listenplatz in den Suchergebnissen z.B. von Google zu kaufen.

Weiterempfehlung. Keine Werbung ist besser als eine Weiterempfehlung. Dementsprechend bieten einige Unternehmen wie z.B. Kreditinstitute sowohl für Empfehler (Werber) als auch Empfehlungsnehmer (Geworbene) eine Prämie. Sobald Sie die ersten Kunden haben, sollten Sie prüfen, ob dies auch für Sie in Frage kommt. Neben dem Werbeeffekt ist es zugleich ein gutes Mittel der Kundenbindung.

Projektbörsen. Für einige Berufsgruppen gibt es inzwischen Projektbörsen im Internet, bei denen sich Selbstständige als Dienstleistungsanbieter in einem Profil präsentieren können. Einige Beispiele mit Nutzungsmöglichkeit auch in Österreich sind:

- **www.freelance.de** Projekte aus den Bereichen IT, Marketing, Betriebswirtschaft
- **www.twago.de** Programmierer, App Entwickler, Designer, Texter, Übersetzer
- **www.freelancermap.at** IT, Berater, Management
- **www.dasauge.de** Kreative aus der Werbebranche

Zusätzlich gibt es z.B. auf www.xing.com und www.linkedin.com Projektausschreibungen und die Möglichkeit, mit dem eigenen Profil Kenntnisse und Qualifikationen zu vermitteln.

Kunden halten. Werbung ist mühsam und kann sehr teuer sein. Vergessen Sie bei aller Suche nach neuen Kunden niemals die Pflege des bisherigen Kundenstamms. Sollten Ihre Kunden zu einem anderen Anbieter wechseln, ist es extrem schwer und aufwändig, diese wieder zurück zu bekommen. Prüfen Sie daher immer, mit welchen Mitteln Sie Ihren Kunden zeigen können, dass Ihnen diese sehr wichtig sind. Fragen Sie sich: Warum soll dieser Kunde bei mir bleiben?

Warum sollen meine Kunden bei mir bleiben?

Tipp

Es geht hier nicht um teure Werbekampagnen. Oft reichen einige freundliche Worte, ein wenig Kulanz bei Reklamationen, etc. aus, damit sich der Kunde (weiterhin) bei Ihnen gut versorgt und umsorgt fühlt.

Können Sie Nutzen argumentieren?

Kennen Sie das? Sie beschreiben ein tolles Angebot, aber Ihr Gegenüber zeigt nicht das erhoffte Interesse. Hier hilft laut Herbstrith-Lappe (2016) die richtige Gesprächstechnik weiter: Wenn Ihr Gesprächspartner nicht auf Ihre Idee einsteigt, ja sogar immer ablehnender wird, haben Sie vielleicht viel geredet – aber nicht mit Ihrem Gegenüber kommuniziert. Um überzeugend zu wirken, dürfen Sie vor allem eines nicht tun: überzeugen wollen. Es geht vielmehr darum, Interesse zu wecken.

Regel Nr. 1: Beschreiben Sie nicht das Produkt, sondern den Nutzen. Technische Details mögen zwar beeindruckend sein, aber der Kunde fragt sich „Wozu brauch' ich das?". Konzentrieren Sie sich darauf, den Kundennutzen in den Vordergrund zu rücken. Typische Redewendungen der „Nutzen-Sprache" sind:

bietet Ihnen ..., bringt Ihnen ..., bedeutet für Sie ..., erhöht Ihre ..., schützt Sie vor ..., spart Ihnen ..., verhindert ..., sorgt für ..., ermöglicht Ihnen ..., sichert Ihnen ..., erleichtert

Ihnen ..., steigert Ihre ..., reduziert Ihre ..., optimiert Ihre ..., festigt Ihre ..., gewährt Ihnen ..., stärkt Ihre ..., schafft die Grundlage für ..., erschließt Ihnen ..., eröffnet Ihnen ..., vereinfacht ...

Regel Nr. 2: Gehen Sie nicht davon aus, dass Sie wissen, was Ihr Kunde braucht. Die Psychologie nennt es symbiotische Machtübergriffe, wenn jemand nicht respektiert, dass Andere tatsächlich anders sind und daher andere Vorlieben haben. Was dem einen gut tut, muss für einen anderen noch lange nicht förderlich sein. Kein Wunder, dass wohlmeinende Überzeugungsversuche häufig das Gegenteil bewirken. Typische Reaktion: „Ja, aber bei mir geht das nicht." In so einer Situation ist es nicht zielführend, Ihre Argumente noch eindringlicher zu formulieren.

Das Produkt ist oft nur das Mittel, um einen Nutzen zu erlangen

Regel Nr. 3: Versuchen Sie nicht, mit Wortgewalt zu überzeugen. Das Wort „überzeugen" kommt aus der mittelalterlichen Rechtsprechung: Wer die mächtigeren Zeugen hatte, hat überzeugt. Es ging also nicht so sehr um Sachverhalte, sondern um Macht. Manchmal entscheidet auch in unseren Gesprächen mehr die Wortgewalt als die fachliche Angemessenheit. Für sich gewinnen werden Sie jemanden so allerdings nicht. Im Gegenteil: Je hartnäckiger Sie jemanden von Ihrem Standpunkt überzeugen wollen, desto mehr Widerstand werden Sie ernten. Wirkungsvoller ist es, Interesse und Neugierde zu wecken, und das geht am besten indem man dem Gegenüber Interesse und Wertschätzung entgegenbringt.

Regel Nr. 4: Seien Sie interessiert statt interessant wirken zu wollen. Mit Fragen Gespräche zu steuern und die Aufmerksamkeit zu lenken ist meist erfolgversprechender – vorausgesetzt, Sie hören auch mit echtem Interesse zu. „Wie gefällt Ihnen das?" „Was halten Sie von dieser Sache?" „Was brauchen Sie, um sich mit dieser Idee anfreunden zu können?" erzeugt Nachdenklichkeit. Der Volksmund weiß, was den Verkaufserfolg entscheidet: „Die Schönheit entsteht im Auge des Betrachters."

Regel Nr. 5: Verpacken Sie Argumente als Möglichkeiten. Eine wirkungsvolle Strategie ist es, Anregungen „über die Bande" statt direkt anzusprechen: „In einem vergleichbaren Projekt haben wir mit ... gute Erfahrungen gemacht." bietet Ihrem Gegenüber die Möglichkeit, die Idee von der Seite zu betrachten und das herauszupicken, was auch für sie oder ihn zielführend und stimmig ist.

Tipp

Das gilt auch für den Einsatz des Konjunktivs bei Lösungsangeboten und Empfehlungen. Einleitungen wie „Wenn ich mich in Ihre Position versetze, wäre für mich naheliegend ...", „Ich könnte mir in dieser Situation gut vorstellen ..." holen den anderen ab und lenken die Aufmerksamkeit.

Was ist ein Elevator Pitch?

Sie stehen im Lift, die Tür geht auf und Ihr potenzieller Haupt-Kunde steigt zu. Sie haben 30 Sekunden Zeit, sich und Ihre Produkte/Leistungen vorzustellen! Dies ist der sogenannte Elevator Pitch, eine Art „Kurzpräsentation". Und wenn Ihnen dies zu lebensfremd erscheint: Bei jedem Treffen, neuem Kundenkontakt, etc. entscheiden die ersten Sekunden darüber, ob Sie das Gegenüber von sich und Ihren Produkten/Dienstleistungen überzeugen können.

Welche Regeln gibt es für die ideale Kurzpräsentation? Zuerst einmal die Länge: maximal 30 Sekunden (einige sagen auch: 60 Sekunden) und maximal 75 Wörter (150 Wörter)! Der Aufbau sieht dann wie folgt aus:

- **Einleitung.** In der Einleitung sollte knapp rüberkommen:
  - wer Sie sind
  - welche Produkte/Dienstleistungen Sie anbieten
  - welches Unternehmen Sie vertreten
- **Ansprache des Zielmarktes.** Welchen Nutzen haben die Produkte/Dienstleistungen?
  - Lösung von Problemen
  - Schaffung von neuen Märkten
  - Vorlieben von Kunden
  - Sparen von Zeit/Geld/…
- **Wettbewerb?** Sprechen Sie den Wettbewerb kurz an. Zeigen Sie dabei kurz auf, warum Ihre Produkte/Dienstleistungen Vorteile haben.
- **Den Gesprächspartner „einfangen".** Je nach Gesprächspartner kann Ihre nächste Aktivität u.a. sein:
  - Übergabe der Visitenkarte und Vereinbarung Termin
  - Empfehlen eines Produktes
  - Eintragung in Mailing-Liste

Ein Kunststück: Die wichtigsten Informationen auf den Punkt bringen

Tipp

Einen guten Elevator-Pitch muss man üben, damit er gut und flüssig rüberkommt. dabei sollte man jedoch darauf achten, dass er nicht als „auswendig gelernt" erscheint. Dieses erreicht man in der Einleitung am besten dadurch, dass man den Text je nach Ansprechpartner leicht variiert und auf das Gegenüber abstellt.

Ist Netzwerken hilfreich?

„Jetzt war ich schon bei drei Netzwerktreffen und habe noch immer keinen Auftrag erhalten" ist eine Aussage, die immer wieder fällt. Aber hier liegt ein Missverständnis vor: Da Netzwerken häufig mit neuen Aufträgen in Verbindung gebracht oder als Lösung bei der Auftragsgenerierung vorgeschlagen wird, gehen immer mehr Personen, die einen Auftrag suchen, zu Netzwerktreffen. Dann treffen Suchende auf Suchende und alle sind frustriert.

Netzwerken jedoch macht nur dann Sinn, wenn man eben nicht seine eigenen Ziele in den Vordergrund stellt, sondern auch auf das Gegenüber eingehen will. Machen Sie es daher andersrum: Sprechen Sie nicht (von sich aus) über Ihre Angebote und Leistungen, sondern fragen Sie Ihr Gegenüber nach dessen Angeboten, Wünschen und Erwartungen. Gehen Sie in Vorleistung und stellen ihm Kontakte für sein Anliegen zur Verfügung, z.B. die Verbindung zu einem medizinischen Spezialisten, einen guten Steuerberater oder Rechtsanwalt. Bauen Sie dadurch Vertrauen beim Gegenüber auf. Netzwerken ist Geben und Nehmen.

Tipp

Wenn Sie dem Gegenüber bereitwillig helfen, wird sich dies später auch durch Weiterempfehlungen und Vermittlung von Kontakten bemerkbar machen.

Netzwerken hat sehr viel Ähnlichkeit mit einer guten Bekanntschaft oder Freundschaft. Sie benötigt Zeit und muss reifen. Ein Netzwerk baut man nicht dann auf, wenn man es (oder Aufträge) gerade benötigt. Ein funktionierendes Netzwerk wird zeitlich weit vor einem konkreten Bedarf aufgebaut und steht mit den Vorteilen hoffentlich dann zur Verfügung, wenn man es benötigt. Es sollte gut gepflegt werden, z.B. durch regelmäßige Kontakte (auch bei Netzwerktreffen), Glückwünsche zum Geburtstag und das Lesen/liken von Meldungen in sozialen Netzwerken. Diese bieten Ihnen auch Anknüpfungspunkte beim Gespräch und zeigen, dass Sie an der Person des Gegenübers interessiert sind!

Wie Expertenstatus und Bekanntheit erlangen?

Sie sind Experte für Themen, die auch etwas mit Ihrer selbstständigen Tätigkeit zu tun haben? Etwa Experte für Sprechen (Sprachtraining), Auftreten (Erscheinungsbild), Präsentation, Stilfragen, Kommunikation, ...? Und Sie möchten mit Ihrem Expertenwissen Geld verdienen? Nur mit der Bekanntheit mangelt es noch etwas?

Nutzen Sie Ihr Wissen auch, indem Sie es zeigen!

Schauen Sie sich nach Plattformen um, die etwas mit Ihrem Expertenwissen zu tun haben (könnten). Dies können eigene Internet-Seiten zu diesem Bereich, aber auch Diskussionsforen in größeren Online-Netzwerken sein. Bringen Sie sich dort aktiv mit Wortbeiträgen ein und zeigen Sie den anderen Teilnehmern Ihre Fach- und Sachkenntnis. Aber natürlich nur als Kostprobe, schließlich wollen und sollten Sie Ihr gesammeltes Wissen ja nicht verschenken!

Tipp

Mit den Fach- und Diskussionsbeiträgen verdienen Sie kein Geld, da diese zumeist ohne Bezahlung sind. Sie haben aber die Möglichkeit, sich einen Namen als Experte zu machen. Und werden dann im Ernstfall eher angesprochen und können möglicherweise (später) auch höhere Honorare vereinbaren.
Vergessen Sie nicht, aus dem Beitrag heraus auf Ihre Homepage verlinken zu lassen. So können sich die Leser über Sie und Ihre Angebote besser informieren. Und nebenbei führt die Verlinkung zu einer höheren Trefferquote bei Suchmaschinen.

Welche Plattformen kämen hier in Frage? Dies hängt natürlich von Ihrer Branche, Ihren Fähigkeiten, etc. ab. Aber hier einige Ideen:

- **www.port41.at** Internetseite für Selbstständige und Kleinunternehmen
- **www.xing.com** Internetseite mit vielen Gruppen (Diskussionsforen) zu unterschiedlichsten Themen. Hier könnten Sie auch neue Gruppen gründen und als Gruppen-Moderator leiten.
- **www.biallo.at** Internetseite zu Finanzthemen, Gastkommentatoren erwünscht

Aber auch ein Leserbrief zu passenden Themen in einer Zeitung kann eine Möglichkeit sein, Expertise zu zeigen und den Bekanntheitsgrad zu steigern. Und nicht zu vergessen: Blogs auf Ihrer Homepage, die von Interessenten abonniert werden können.

Barverkäufe: Sind Belegerteilung und Registrierkasse Pflicht?

Bei jedem Barverkauf müssen Sie als Verkäufer dem Käufer einen Beleg ausstellen und aushändigen. Dieser Beleg muss umfassen:

- Ihre Firma
- fortlaufende Nummer, die zur Identifizierung des Geschäftsvorfalls einmalig vergeben wird
- Tag der Belegausstellung
- Menge und handelsübliche Bezeichnung der Ware oder Dienstleistung
- Betrag
- bei Verwendung von elektronischen Kassen mit Sicherheitseinrichtung zusätzlich: Kassenidentifikationsnummer, Uhrzeit der Belegausstellung, Beträge nach Steuersätzen getrennt, maschinenlesbarer Code (OCR-, Bar- oder QR-Code)

Neben der Belegerteilung muss jeder Verkäufer eine Registrierkasse mit Sicherungseinrichtung (Manipulationsschutz) haben, sofern beim Unternehmen folgende Kriterien erfüllt sind:

- Jahresumsatz netto € 15.000,- und
- Barumsätze, die netto € 7.500,- im Jahr überschreiten.

„Barumsätze" umfassen nicht nur die Bezahlung mit Münzen und Scheinen, sondern auch Bezahlungen vor Ort mit Bankomat- oder Kreditkarte, Barschecks, Gutscheinen, Bons, etc. Es gibt einige Erleichterungen, die jedoch nicht für jedes Unternehmen nutzbar sind:

„Bar" sind auch Bezahlungen mit Bankomat- und Kreditkarte

- Umsätze im Freien („kalte Hände-Regelung") befreit Umsätze bis 30.000 Euro netto
- Umsätze von Alm-, Berg-, Schi- und Schutzhütten bis 30.000 Euro netto
- Umsätze von Buschenschanken bis 30.000 Euro Umsatz netto und max. 14 Tagen Öffnungszeit
- Umsätze von Kantinen gemeinnütziger Vereine bis 30.000 Euro netto
- Umsätze von Automaten mit Einsätzen bis zu 20 Euro
- Umsätze von Online-Shops
- Umsätze von wirtschaftlichen Betrieben abgabenrechtlich begünstigter Körperschaften

Die Registrierkassenpflicht beginnt – vereinfacht gesagt – vier Monate nachdem die Umsatzgrenze erstmals überschritten wurde und zugleich die aktuelle Umsatzsteuervoranmeldeperiode abgeschlossen ist. Sie endet mit dem Beginn des Folgejahres, wenn in einem Jahr die Umsatzgrenze nicht überschritten wurde und dies auch für die Zukunft nicht absehbar ist.

Oje: Die Datenschutz-Grundverordnung (DSGVO)

Seit dem 25. Mai 2018 gilt in Österreich die Datenschutz-Grundverordnung (DSGVO). Diese gilt für Unternehmen und schützt die Daten von Privatpersonen. Die Daten von Unternehmen sind daunter also nicht gefasst.

Welche Pflichten habe ich?

Grundsätzlich haben Sie die Pflicht, mit allen personenbezogenen Daten von Privatpersonen sehr sorgsam umzugehen. Diese dürfen nicht ohne triftigen Grund (Einwilligung oder im Rahmen der Geschäftsbeziehung) gesammelt werden und müssen sorgfältig, d.h. einen Missbrauch oder Verlust ausschließend, aufbewahrt und verarbeitet werden.

Aber haben Sie derartige Daten überhaupt? In der Regel ja, wenn Sie sich als Unternehmer an Privatpersonen werden. Betroffen sind hier z.B. auch Daten für Info-Briefe und Rundschreiben, Cookies beim Besuch der Homepage oder auch Rechnungsdaten.

Die DSGVO betrifft Unternehmen mit Privatkunden

Je nach Unternehmen müssen Sie ein „Verzeichnis von Verarbeitungstätigkeiten" anlegen. Davon sind jedoch Unternehmen mit weniger als 250 Mitarbeitern ausgeschlossen, sofern:

- die von ihnen vorgenommene Verarbeitung kein Risiko für die Rechte und Freiheiten der betroffenen Personen birgt,
- die Verarbeitung nur gelegentlich erfolgt und
- keine Verarbeitung besonderer Datenkategorien (z.B. Gesundheitsdaten) bzw.
- keine Verarbeitung von Daten über strafrechtliche Verurteilungen und Straftaten umfasst.

Sie müssen von Ihnen gespeicherte personenbezogene Daten vor einem fremden Zugriff und einer missbräuchlichen Verwendung schützen! Dies beinhaltet sowohl den Zugang zu Ihren Räumlichkeiten als auch zu Ihren Computern. Letztere sind aber auch durch Passwörter gegen Zugriff und durch Firewalls, etc. gegen Hackerangriffe zu schützen.

Und was ist zu tun, wenn doch einmal etwas passiert? Dann sind die zuständige Datenschutzbehörde und die betroffenen Personen innerhalb von 72 Stunden zu informieren. Die Datenschutzbehörde kann (laut EU-Verordnung muss) empfindliche Strafen verhängen.

Tipp

Prüfen Sie aufgrund der Informationen bei der Wirtschaftskammer (https://www.wko.at/service/wirtschaftsrecht-gewerberecht/EU-Datenschutz-Grundverordnung.html), welche Auswirkungen die Datenschutz-Grundverordnung auf Ihr konkretes Unternehmen hat. Setzen Sie die Anforderungen von Beginn an um und speichern Sie so wenige personenbezogene Daten wie möglich.

Welche Rechte haben meine Kunden/Interessenten?

Die Datenschutz-Grundverordnung gibt Privatpersonen einige wesentliche Rechte gegenüber dem Unternehmen:

- **Auskunftsrecht.** Jeder Betroffene kann beim Unternehmen formlos die Auskunft beantragen, welche Daten über ihn gespeichert sind.
- **Recht auf Berichtigung.** Kann der Betroffene nachweisen, dass die über ihn gespeicherten Daten falsch sind, so steht ihm das Recht auf Berichtigung der falschen Daten zu.
- **Recht auf Löschung.** Der Betroffene kann die Löschung der über ihn gespeicherten Daten verlangen, wenn
  – die Einwilligung zur Datenverarbeitung widerrufen wurde,

– die Daten unrechtmäßig verarbeitet wurden,
– der Grund für die Speicherung bzw. Verarbeitung entfallen ist,
– Widerspruch gegen die Verarbeitung eingelegt wurde und es keine vorrangigen Gründe für die Verarbeitung gibt.

Die Kundenrechte sollten auch hier ernst genommen werden

- **Recht auf Einschränkung der Verarbeitung.** Der Betroffene kann die Einschränkung der Verarbeitung für die Zeit fordern, in der die Richtigkeit der Daten überprüft wird oder der Unternehmer prüft, ob er ein vorrangiges Interesse an der Verarbeitung hat.
- **Recht auf Datenübertragbarkeit.** Dieses Recht besteht nur bei Verarbeitungen mittels automatisierter Verfahren. Alle Dokumente in Papierform sind hiervon ausgenommen. Die Daten sind in einem strukturierten, gängigen und maschinenlesbaren Format zu übermitteln. Hierzu zählen keine PDF-Dokumente, wohl aber die Formate XML, JSON oder CSV.

Tipp

Von der neuen Pflicht sind alle personenbezogenen Daten von Privatpersonen betroffen. Das Sammeln von Daten sollte daher auf ein Minimum beschränkt werden. So benötigt man für den Wunsch nach einem Info-Mail bei Aktionen ausschließlich die E-Mail-Adresse und keine weiteren Daten wie Name, Adresse, Geburtstag, etc.

Die Betroffenenrechte sind innerhalb eines Monats, spätestens aber innerhalb von drei Monaten zu erfüllen.

Den Gewinn planen

Will ich mich mit einem Unternehmen selbstständig machen, so ist neben einer guten Produktidee die Gewinnplanung einer der wesentlichen Grundpfeiler des Erfolgs. Sie gibt quasi das Ziel des Arbeitens vor, ist (auch) von Dritten überprüfbar und schafft die Möglichkeit von Soll-Ist-Vergleichen. Wir schauen uns im Folgenden wesentliche Bestandteile an.

Fixkosten als Entscheidungskriterium?

Gewinn entsteht als Differenz zwischen Umsatz und Kosten. Ist es so einfach? Nicht ganz. Denn einige Kosten fallen immer an, andere vereinfacht gesprochen nur in Verbindung mit einem Umsatz.

Fixe Kosten haben einen wesentlichen Vorteil: Sie sind vorhersehbar und damit auch gut planbar. Der wesentliche Nachteil hingegen: Sie fallen auch dann an, wenn es keinen Umsatz und damit keine Einnahmen gibt. Dies ist (auch) typischerweise in der Gründungs- und Anfangszeit eines neuen Unternehmens der Fall.

Fixe Kosten sind beispielsweise:

- Miete und Mietnebenkosten
- Personalaufwand (ohne Unternehmerlohn ► Seite 68)
- Versicherungen
- Leasingraten

Variable Kosten hingegen hängen mit dem Umsatz zusammen, sie lassen sich den Produkten direkt zuordnen. Ein typisches Beispiel wäre hier der Wareneinkauf.

Noch vor Gründung des Unternehmens sollten Sie einen kleinen Check Ihrer Geschäftsidee machen. Dafür benötigen Sie eine Abschätzung Ihrer Fixkosten und einen plausiblen Gewinnaufschlag auf Ihren Wareneinkauf. Beispielsweise beträgt dieser bei Wein im Restaurant typischerweise 200 Prozent, bei Kleidung in der Boutique 100 Prozent, etc. Jetzt können Sie kurz überschlagen, welchen monatlichen/jährlichen Umsatz Sie benötigen, um Ihre fixen Kosten zu decken.

Machen Sie vorab die Probe: Wie hoch muss Ihr Umsatz mindestens sein?

Beispiel

Kritische Umsatzschwelle = Fixkosten : Aufschlag x (100 % + Aufschlag)

Am Beispiel der Flasche Wein mit Einkauf zu 7 Euro und Verkauf zu 21 Euro sowie Fixkosten von 10.000 Euro im Monat:

- Kritische Umsatzschwelle = 10.000 : 200 % x (100 % + 200 %)
- Kritische Umsatzschwelle = 10.000 : 2 x 3
- Kritische Umsatzschwelle = 15.000 Euro

Sie müssen also zur Kostendeckung einen Umsatz von 15.000 Euro erzielen, dies entspricht dem Verkauf von 714 Flaschen Wein.

Und da Sie jetzt auch noch etwas für sich selbst haben möchten, muss der Verkauf entsprechend höher sein.

Tipp

Berechnen Sie nach obiger Formel vor der Unternehmensgründung Ihre Gewinnschwelle. Und auch durch Aufschlag Ihres angestrebten (Brutto-)Verdienstes Ihren Zielumsatz. Und prüfen für sich, ob und wann dies realistisch ist!

Bekomme ich Unternehmerlohn?

Immer wieder findet sich in Gründer-Informationen der Hinweis, dass die Jungunternehmer bei der Preiskalkulation ihrer Produkte nicht den Unternehmerlohn vergessen sollten. Dieser soll zuerst als kalkulatorischer Kostensatz in die Produktpreise eingerechnet werden und später als Privatentnahmen verwendet werden. Damit stellt sich natürlich die Frage, wie hoch denn der Unternehmerlohn sein soll. Die Antwort bei den Gründer-Informationen ist einfach: Man verwende dafür die privaten Ausgaben zuzüglich der erwartbaren Steuerzahlungen. Bei Dienstleistern wird zusätzlich empfohlen, den Stundensatz durch Division des Finanzbedarfs durch die abrechenbaren Stunden zu teilen.

Nicht der Unternehmerlohn, sondern der Gewinn sollte betrachtet werden

Unsere Meinung dazu? Unsinn!

Mit dem Preis für Ihre Waren oder Dienstleistungen müssen Sie sich immer am Markt orientieren. Liegen Sie aufgrund von zu hohen Zuschlägen (für den aufwändigen Unternehmer-Lebenswandel) über dem Marktpreis, hat dies zur Konsequenz, dass Sie keine Waren verkaufen. Und damit natürlich keinen Unternehmerlohn haben!

Die richtige Fragestellung muss immer sein, wie viele Produkte ich zu welchem Preis verkaufen kann. Und dies natürlich unter Beachtung weiterer Begrenzungsfaktoren (etwa Ihrer Arbeitszeit). In die Preiskomponente gehen dann vorrangig zwei Faktoren ein: Die variablen Kosten, die dem Produkt direkt zugerechnet werden können und die fixen Kosten, die für die gesamte Absatzmenge gelten. Als Differenz zwischen dem Verkaufspreis und den Kosten verbleibt der Gewinn als Unternehmerlohn.

Beispiel Spiele-Software: Für € 50 oder € 60 anbieten?

	Annahme 1	Annahme 2
Preis	€ 50	€ 60
Absatzmenge	7.000	5.000
Umsatz	€ 350.000	€ 300.000
variable Kosten je Stück	€ 20	€ 20
Absatzmenge	7.000	5.000
variable Kosten gesamt	€ 140.000	€ 100.000
fixe Kosten gesamt	€ 150.000	€ 150.000
Gewinn	€ 60.000	€ 50.000

Tipp

Im Unterschied zwischen Annahme 1 und Annahme 2 sehen Sie übrigens das Hofer-Prinzip: bei einem (etwas) geringeren Preis steigt die Absatzmenge und damit der Gewinn.

Top-down oder bottom-up?

In vielen Ratgebern zur Existenzgründung findet sich zuerst die Frage: „Was benötige ich an Gewinn?", um beispielsweise das gleiche Einkommen zu haben wie ein Angestellter. Dabei handelt es sich um einen sogenannten top-down-Ansatz, bei dem Sie mit dem Ziel beginnen und dann (hoffentlich) aufzeigen, wie Sie dieses Ziel erreichen wollen und können. Dieser Ansatz ist in der Wirtschaft weit verbreitet: Oft kommt vom Management einfach das Ziel „Umsatz um 10 Prozent steigern", „Kosten um 15 Prozent senken", „200 Mitarbeiter entlassen".... Aber ist dies jeweils realistisch?

Wir empfehlen Ihnen hingegen den bottom-up-Ansatz! Sie beginnen bei Ihren Produkten und Dienstleistungen und überlegen, welche Menge Sie zu welchem Preis absetzen können. Und überprüfen zugleich, ob dies unter den gegebenen Rahmenbedingungen realistisch ist: Habe ich als nebenbei Selbstständiger auch die ausreichende Zeit um z.B. im Monat 50 Arbeitsstunden für die Dienstleistung „Beratung" zu verkaufen? Und ist es realistisch, dass ich 100 Prozent meiner verfügbaren Zeit verkaufen kann? Oder muss ich nicht auch Leerlaufzeiten, Zeiten für kostenlose Angebote, etc. kalkulieren?

Der bottom-up-Ansatz bietet auch Kontrollmöglichkeiten

Nachfolgend das Beispiel eines nebenbei selbstständigen Elektrikers mit einer Kapazität von 50 Stunden im Monat.

Beispiel

Beschreibung	Einheit	Preis	Anzahl	Umsatz netto
Reparaturen	Stunde	€ 80	15	€ 1.200
Lichtschalter	Stück	€ 40	7	€ 280
Summe				€ 1.480

Tipp

Sie haben jetzt einerseits eine Kontrolle, ob Sie bei der Restriktion Zeit überhaupt die Möglichkeit haben, die geplante Anzahl von Arbeitsstunden zu leisten und andererseits können Sie bei der Anzahl der verkauften Produkte (hier: Lichtschalter) diese zugleich zur Kalkulation der Kosten verwenden. Denn Umsatz ist ja nicht identisch mit Gewinn.

In der Praxis ist es sinnvoll zu überschlagen, wie viele der noch verfügbaren Stunden (im Beispiel: 35 Stunden) Sie möglicherweise noch zusätzlich verkaufen könnten. Und natürlich eine Idee zu entwickeln, wie Sie weitere Kunden für sich gewinnen könnten (► Seite 53).

Wie mache ich eine Erfolgsplanung?

Gewinn und Erfolg sind zwar nicht immer vorherbestimmbar, jedoch in gewissen Grenzen planbar. In jedem Fall aber sollte auch ein nebenberuflich Selbstständiger jederzeit Bescheid wissen, wie es um sein Geschäft steht.

Dafür verwenden Sie eine integrierte Excel-Tabelle, die alle wesentlichen Zahlen beinhaltet. Sie finden diese im Anhang (► Seite 141ff, Anlage C) und als Download auf www.konsument.at/selbstständig

Bitte beachten Sie folgende Unterschiede zu anderen Planungsinstrumenten: Im Gegensatz zur Liquiditätsrechnung spielt der Zahlungsein- bzw. -ausgang bei der Erfolgsplanung keine Rolle. Im Gegensatz zur Buchhaltung werden die realen statt der steuerlichen Werte eingetragen. Dies betrifft z.B. Bewirtungen, die nur zur Hälfte steuerlich angesetzt werden können. Unser Beispiel beruht auf der Annahme, dass Mehrwertsteuerpflicht besteht. Liegt bei Ihnen eine Ausnahme vor, tragen Sie jeweils für Brutto und Netto die gleichen Werte ein. Auch werden über unsere Beispiel-Kasse nur Ausgaben getätigt.

Jänner 2020	Netto	MWSt	Brutto		
Ausgangsrechnungen	€ 11.005,16	€ 3.819,45	€ 14.824,61		€ 0,00
Eingangsrechnungen	-€ 4.404,71	-€ 747,29	-€ 5.152,00		€ 0,00
Ausgaben Kasse	€ 0,00	€ 0,00	€ 0,00		€ 0,00
Monatsergebnis	€ 6.600,45	€ 3.072,16	€ 9.672,61		€ 0,00
Vortrag Ergebnis YTD:	€ 6.600,45				
Februar 2020	**Netto**	**MWSt**	**Brutto**		
Ausgangsrechnungen	€ 0,00	€ 0,00	€ 0,00		€ 0,00
Eingangsrechnungen	-€ 1.704,68	-€ 146,76	-€ 1.851,44		€ 0,00
Ausgaben Kasse	€ 0,00	€ 0,00	€ 0,00		€ 0,00
Monatsergebnis	-€ 1.704,68	-€ 146,76	-€ 1.851,44		€ 0,00
Vortrag Ergebnis YTD:	€ 4.895,77				

Zur Systematik dieser Erfolgsplanung

Im Bereich „Ergebnis" werden die drei Tabellen: „Ausgangsrechnungen", „Eingangsrechnungen" und „Kasse" addiert und ergeben das Monatsergebnis. In den Folgemonaten wird jeweils das Year-to-date-Ergebnis (YTD) zusätzlich errechnet, so dass Sie immer wissen, wie Sie im Jahresverlauf stehen. In der letzten Spalte wird geprüft, ob Netto plus MwSt. gleich Brutto ist und werden Ihnen Eingabefehler so durch einen Betrag ungleich Null angezeigt.

Ein Planungsinstrument sollte einfach, übersichtlich und gut in der Handhabung sein

In der Tabelle „Ausgangsrechnungen" werden Ihre Rechnungen an Kunden erfasst. Bei Zahlungseingang können Sie das Datum am rechten Rand vermerken und bekommen dann die Information, nach wie vielen Tagen der Kunde bezahlt hat. Zusätzlich haben Sie hier ein übersichtliches Instrumentarium zur Verfolgung Ihrer Außenstände. Wir haben je Monat eine Tabelle angelegt, es ließe sich jedoch auch auf einem Blatt durchführen.

In der Tabelle „Eingangsrechnungen" sind alle Rechnungen von Lieferanten (incl. Personalabrechnungen) erfasst. Alle fixen oder erwartbaren Ausgaben können hier auch vorerfasst werden. Kommt die Rechnung dann, so vermerken Sie Rechnungs- und Eingangsdatum in den linken Spalten. Bei Bezahlung wird dies in der rechten Spalte vermerkt. So haben Sie ein Instrumentarium, um die Bezahlung Ihrer Lieferantenrechnungen im Überblick zu haben.

In der Tabelle „Kasse" werden Ihre Ausgaben über Kasse erfasst. Derzeit ist bei den Einnahmen nur der Banküberträg vorgesehen.

In der Tabelle „Umsatzsumme" sehen Sie sehr übersichtlich den Umsatz der einzelnen Monate und kumuliert für das Jahr. Dies einerseits für das aktuelle Jahr (wird automatisch aus den Blättern „Ausgangsrechnungen" übernommen) und andererseits für das Vorjahr (händisch eingetragen). Sie erhalten automatisch einen Vergleich mit dem Vorjahr und wissen, ob Sie mehr oder weniger Umsatz gemacht haben.

Ausgaben bezahlen: Wieviel Kapital benötige ich?

Nicht ganz unabhängig von der Gewinnplanung ist die Planung des Kapitalbedarfs. Wir sehen uns mit Ihnen einige wichtige Aspekte an.

Was ist eine Liquiditätsplanung?

Sind Sie finanziell ausreichend flüssig, um Ihre Ausgaben auch bezahlen zu können? Falls nicht, droht schnell die Insolvenz, sodass der Frage der Liquiditätsplanung und -steuerung eine besondere Bedeutung zukommt. Sie ist Teil der Finanzplanung und wird in der Regel für Zeiträume von sechs bis zwölf Monate erstellt. Die wichtigsten Fragen zielen dabei nicht auf die Herkunft der Mittel (z.B. Eigen- oder Fremdkapital, Einnahmen über Kasse oder Bank) sondern auf die Zahlungsströme: Wann benötige ich Geld und habe ich es dann?

In der Gründungsphase geht es im ersten Schritt um die zu tätigenden Anschaffungen (sofern nicht bereits vorhanden). Benötigen Sie einen PKW, Büroeinrichtung, Arbeitsgeräte, Maschinen, etc.? Alle für den Start in die Selbstständigkeit erforderlichen Anschaffungen sollten aufgelistet und mit dem Anschaffungspreis versehen werden. Hier bitte das Einholen von Vergleichsangeboten nicht vergessen! Und natürlich: Prüfen, ob und welche Alternativen es zum Kauf gibt. So ist das Leasing eines PKW über die Gesamtlaufzeit zwar teurer als der Kauf, jedoch sinkt Ihr Kapitalbedarf und damit Ihre Liquiditätsanforderung in der Anfangszeit.

Gibt es Alternativen zum Kauf, die weniger Liquidität kosten?

In und nach der Gründungszeit benötigen Sie regelmäßig Kapital für die Bezahlung Ihrer Fixkosten wie Miete, Personal, etc. sowie Ihrer variablen Kosten wie den Wareneinsatz, etc. Bei einem erfolgreichen Unternehmen können Sie diese Ausgaben aus den Einnahmen, d.h. dem Warenverkauf decken. Insbesondere in der Anfangszeit des Unternehmens sind die Verkäufe aber noch nicht so planbar, d.h. hier sollten Sie eine Liquiditätsreserve für diese Zeit einplanen.

Bei der Liquiditätsplanung haben Sie es mit Fristen und Zahlungszielen zu tun. Sie kaufen Waren z.B. mit einem Zahlungsziel von sieben Tagen ein, d.h. nach einer Woche müssen Sie die Rechnung bezahlen. Dann benötigen Sie einige Tage zum Verkauf und geben dem Käufer möglicherweise auch ein Zahlungsziel. Üblicherweise wird es immer einige Zeit dauern, bis Sie die angeschafften Waren verkauft und vom Käufer (hoffentlich pünktlich) Ihr Geld erhalten haben. Und diese Zeit müssen Sie liquiditätsmäßig überbrücken.

Tipp

Privatentnahmen sind nur dann möglich, wenn Sie genügend Finanzmittel für Ihren betrieblichen Bedarf haben. Ein Muster eines Liquiditätsplans finden Sie im Anhang (► Seite 141ff, Anlage D).

Was ist besser: Eigen- oder Fremdkapital?

Im vorherigen Punkt hatten wir uns mit der Liquiditätsplanung beschäftigt. Und auch gesagt, dass es dabei auf die Fristigkeit des Kapitalbedarfs ankommt und nicht auf die Kapitalherkunft. Hier haben Sie prinzipiell die Wahlmöglichkeit zwischen Eigen- und Fremdkapital. Allerdings wird Ihnen kaum ein Dritter Geld leihen, wenn nicht auch Sie mit eigenem Kapital ins Risiko gehen. Was spricht – neben der möglicherweise eingeschränkten Verfügbarkeit – für Eigen- bzw. Fremdkapital?

Kriterium	Eigenkapital	Fremdkapital
Unabhängigkeit	X	
Kosten sparen	X	
Kosten steuerlich nutzen		X
Flexibilität	X	X

Tipp

Sofern Sie privat Kapital z.B. für einen Wohnungsankauf benötigen, macht die Aufnahme von mehr Fremdkapital für das Unternehmen Sinn, da Sie die betrieblichen Zinsen steuerlich nutzen können, die privaten Kreditzinsen jedoch nicht.

Der Branchenvergleich ist auch für Kreditgeber relevant

Kreditgeber stellen Ihnen (hoffentlich) das benötigte Fremdkapital bereit. Hierbei spielt das von Ihnen beigesteuerte Eigenkapital eine doppelte Rolle. Einerseits ist es für den Kreditgeber ein Beleg dafür, dass Sie an Ihr Unternehmen glauben und auch in das Risiko gehen. Zugleich ist jedoch auch das Verhältnis des Eigenkapitals zum Gesamtkapital ein Gradmesser für das Risiko des Kreditgebers:

Eigenkapitalquote = (Gesamtkapital : Eigenkapital) : 100

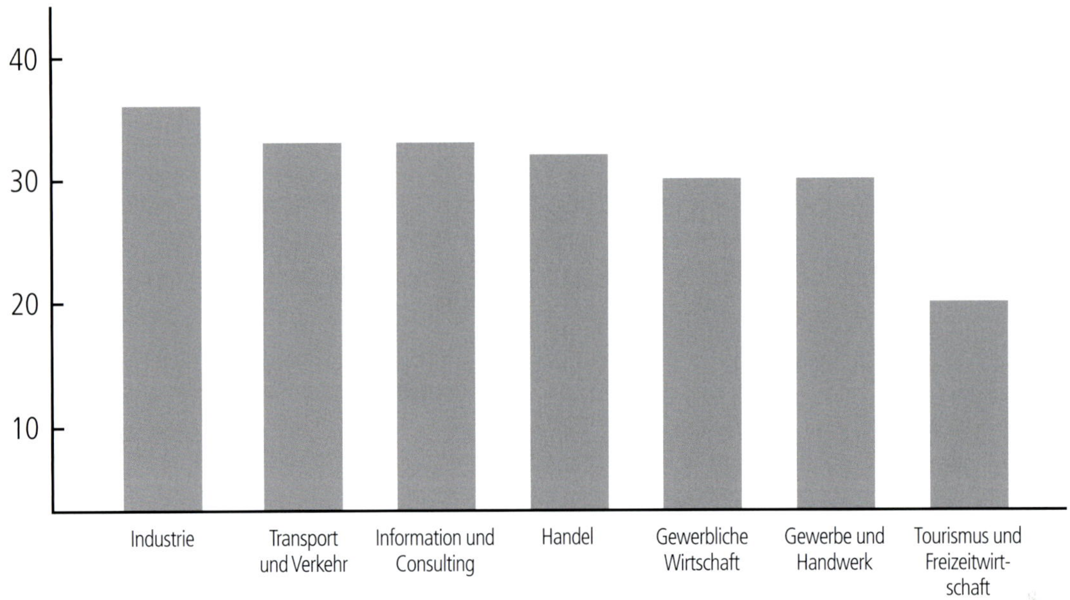

Eigenkapitalquote der KMU nach Sparte 2015/16 in Prozent (Gewerbliche Wirtschaft exklusive Banken und Versicherungen) (Quelle: KMU Forschung Austria, Bilanzdatenbank)

Je Branche gibt es Vergleichszahlen zu typischen Eigenkapitalquoten. Liegen Sie für Ihr Unternehmen über dem Branchendurchschnitt, so ist bei Ihnen das Risiko eines Kredits kleiner und Sie können im Bankgespräch bessere Konditionen verhandeln.

Was sind working capital und sale-and-lease-back?

Nach der Gründungsphase haben Sie bei zusätzlichem Liquiditätsbedarf eine weitere Finanzierungsquelle: das working capital. Darunter versteht man das bereits in das Unternehmen investierte Kapital, was zumeist in Warenbeständen (fertige und unfertige Erzeugnisse) sowie in Forderungen steckt. Der Einkauf von einer größeren Menge an Waren führt zwar zumeist zu Mengenrabatten, er führt aber auch zu höheren Warenbeständen und damit mehr gebundenem Kapital. Im Rahmen einer mittel- bis langfristigen Finanz- und Liquiditätsplanung sollte versucht werden, das working capital klein zu halten und damit Liquiditätsreserven zu nutzen bzw. zu schaffen.

Tipp

Dabei muss jedoch immer abgewogen werden:

- Vorteile hoher Wareneinkäufe

– oft Mengenrabatte möglich
– zum Teil Skonto möglich

- Nachteile hoher Wareneinkäufe

– hohe Liquiditätsbindung
– zum Teil hohe Kreditkosten
– Veralterungsgefahr der Waren

Ebenso kann Kapital in nicht mehr benötigten Anlagen, Immobilien, etc. gebunden sein.

Sale and lease back ist eine weitere Methode, um Liquiditätsreserven zu heben. Dabei wird ein noch benötigtes Anlagegut oder auch das Büro- bzw. Fabrikationsgebäude verkauft und direkt wieder zurück gemietet. Allerdings wird dies bei vielen Finanzexperten eher schon als Warnsignal und als „letzter Strohhalm" verstanden, da die Nutzung eigener Anlagen und Gebäude vom Prinzip her immer kostengünstiger sein muss. Schließlich entfallen kalkulierte Zinskosten und der Gewinnanspruch des Geschäftspartners.

Wie bereite ich Bankgespräche vor?

Unterlagen und gründliche Vorbereitung schaffen Vertrauen

Sie benötigen Kapital für die Umsetzung Ihrer Geschäftsidee oder für die Ausweitung des Geschäfts? Dann stehen wahrscheinlich ein Besuch bei Ihrer Bank und das Ansuchen um einen Kredit an. Eine Kreditverhandlung hat jedoch nicht nur mit einem bloßen Zahlenvergleich von Angeboten zu tun. Es geht dabei auch um die Vermittlung von Sicherheit (für den Kreditgeber) sowie Seriosität – denn fehlende Sicherheit und fehlendes Vertrauen kann man auch als „Kosten" des Kreditgebers begreifen, die dieser über einen höheren (risikoadäquaten) Zinssatz ausgeglichen haben möchte. Hier gilt in jedem Fall, dass zumindest (fehlendes) Vertrauen seinen Preis hat.

Beim Gespräch zwischen Ihnen und einem potenziellen Kreditgeber geht es um das Abwägen der gegenseitigen Interessen, Vor- und Nachteile. Dieses Verhandeln und zum Teil sogar Feilschen um Prozente und Konditionen ist nicht jedermanns Sache. Und natürlich ist Ihr Verhandlungs-„Partner" darin geschult und deshalb wesentlich schlagfertiger als Sie. Grund genug, sich etwas mit dem Thema Kreditverhandlung und sinnvollen Vorbereitungen darauf auseinanderzusetzen. Der Kreditgeber muss schließlich von der Sicherheit seiner Kapitalanlage überzeugt werden (was anderes ist der Kredit für ihn ja nicht) und sollte Ihnen dann natürlich geringere Kosten verrechnen. Analog zum Vorstellungsgespräch beim zukünftigen Arbeitgeber müssen Sie auch beim Kreditgeber einen guten, d.h. hier einen solventen, seriösen Eindruck hinterlassen.

Sie sollten für das Gespräch folgende Unterlagen vorbereiten:

- Kurz-Exposee (max. 2 Seiten)
- Lebenslauf Gründer
- Beschreibung Ihres Geschäftsmodells mit den Chancen und Risiken (► Seite 13), Kunden (► Seite 14) und dem Wettbewerb (► Seite 15)
- Aufstellung der Sicherheiten, die Sie bieten können
- Liquiditätsplanung (► Seite 73)
- Erfolgsplanung (► Seite 69)

All dies zusammen ergibt dann Ihren Business-Plan, mit dem Sie beim Kreditgeber einen seriösen und sehr durchdachten Eindruck machen können.

Tipp

Businessplan Plan4You Easy ist eine kostenlose Software zur Erstellung eines Business-Plans. Sie erhalten die Software unter www.gruenderservice.at/businessplan. Hilfestellung beim Verhandeln erhalten Sie unter anderem in unserem Ratgeber „Schlau finanzieren" (siehe Literaturverzeichnis ► Seite 135).

Kreditrahmen mit Tücken?

Mit der Bezahlung der eigenen Lieferanten ist das Konto (oft) im Soll, mit der Bezahlung der eigenen Rechnungen durch die Kunden (hoffentlich gut) im Haben. Das Unerfreuliche dran: Bei Kontoüberziehung werden hohe Sollzinsen fällig, bei einem Guthaben gibt es derzeit keine Habenzinsen.

Der Lösungsvorschlag vieler Banken ist klar: Um die zusätzlichen Kosten der Überziehungsprovision zu vermeiden, soll ein genehmigter Überziehungsrahmen eingerichtet werden. Innerhalb dessen zahlen Sie nur Sollzinsen, die zusätzlichen 5 Prozent Überziehungsentgelt entfallen innerhalb des Rahmens. So weit so gut (für Sie).

Aber die Bank benötigt auch Sicherheiten für den Kreditrahmen, wird Ihnen erklärt. Die Lösung dafür: Ihr zwischenzeitliches Guthaben wird auf einem separaten Konto – oder besser noch: in Wertpapieren oder Investmentfonds – fest angelegt. Dort erwirtschaftet es Erträge, die wesentlich höher sind als das normale Guthaben. Also gleichzeitig höhere Guthaben-Erträge und niedrigere Kreditkosten?

Ganz so vorteilhaft ist dieser Lösungsansatz dann doch nicht:

Wenn ein Geschäftspartner von einem guten Angebot spricht, bezieht er dies oft nicht (nur) auf Sie

- **Die Ihnen empfohlenen Veranlagungen sind mit Kosten verbunden!** Beim Wertpapierkauf fallen Kaufspesen von zumeist 1 % an. Beim Kauf von Investmentfonds bis zu 5 % des Veranlagungsbetrages. Dazu kommen jährliche Depotgebühren von rund 0,25 – 0,35 % des Depotwertes.
- **Diese „Sicherheit" unterliegt dem Risiko, dass die Veranlagungsrendite auch negativ sein kann.** Dies ist jetzt nicht nur ärgerlich (da Sie doch mit höheren Erträgen gerechnet haben), sondern auch gefährlich. Sinkt der Wert der Sicherheit zu stark, haben Sie keine ausreichende Sicherheit mehr für Ihren Kredit. Die Bank wird um Sicherheitenerhöhung und/oder Kreditreduzierung ansuchen. Üblicherweise immer zum falschen Zeitpunkt.
- **Streng genommen leihen Sie sich in dieser Variante Ihr eigenes Geld,** insbesondere bei der Veranlagung Ihres Guthabens auf einem separaten Konto. Dafür bezahlen Sie die Differenz zwischen Sollzinssatz und Habenzinssatz.

Ein richtiger Lösungsansatz ist individuell, sollte aber folgende Sachverhalte berücksichtigen:

- **Ein Kontorahmen ist sinnvoll, um die ansonsten fällige Überziehungsprovision zu sparen.** Die Kostenersparnis darf jedoch nicht mit hohen Kosten erkauft werden.
- **Das Kontoguthaben nach dem Zahlungseingang von Kunden sollte besser auf dem Konto bleiben** (keine Ausschüttung, keine Wertpapierveranlagungen) und für die Bezahlung der nächsten eigenen Rechnungen zur Verfügung stehen. Zwar verzichten Sie

hier auf eine höhere Rendite bei Veranlagungen, verzichten jedoch zugleich auch auf das höhere Risiko und zusätzlich ersparen Sie sich für den so verfügbaren Habensaldo Sollzinsen in Höhe von bis zu 13,5 % und zusätzlich Überziehungsprovision von 5 %. Und wenn Sie Skonto beim Lieferanten nutzen können, haben Sie einen realen Gewinnbeitrag.

Unterstützung von Familie und Freunden nutzen?

Sobald bei Geldgeschäften eine Bank ins Spiel kommt, ertönt meist ohne zeitliche Verzögerung das übliche Wehgeschrei: Der Kreditnehmer klagt über zu hohe Sollzinsen, der Sparer über zu geringe Habenzinsen. Was liegt daher näher, als zu überlegen, ob zumindest ein Teil Ihres Kredites über eine private (nicht-gewerbliche) Ausleihung abgedeckt werden kann?

„Bei Geldgeschäften hört die Freundschaft auf", ist ein altes, aber immer noch aktuelles Sprichwort. Bei privaten Krediten innerhalb der Familie und mit Freunden sollte man dies beherzigen und sich an Verträgen unter Fremden orientieren:

Verträge unter Freunden sollten dem Fremdvergleich standhalten

- Vertrag: schriftlich
- Sicherheiten: zumindest bei langlaufenden Verträgen und hohen Beträgen, z.B. Grundbucheintragung bei Immobiliengeschäften
- Verzinsung: zwischen dem niedrigen Habenzinssatz und dem hohen Sollzinssatz der Bank
- Inflationsschutz: möglich, aber nur sinnvoll, wenn auch eine alternative Kapitalanlage für den Kreditgeber dies bietet.

Auf zusätzliche Kosten wie eine Bearbeitungsgebühr bei Vertragsabschluss sollte verzichtet werden. Zumindest bei hohen Beträgen kann es jedoch nicht schaden, für die vertragliche Gestaltung anwaltlichen Rat einzuholen. Damit vereinbarte Zinsen auch korrekt berechnet werden, sollte man sich insbesondere bei Teiltilgungen und Abstatterkrediten mit der Zinsrechnung auskennen.

Tipp

Für den Kreditgeber stellen die Zinsen aus dem Privatkredit steuerpflichtige Einnahmen aus Kapitalvermögen dar. Deshalb müssen sie in der Steuererklärung angegeben werden. Sie sind mit dem normalen Einkommenssteuersatz zu versteuern.

Auf Seiten des Kreditnehmers ist das Risiko gering, zumindest nicht höher als bei einem Bankkredit. Je nach Laufzeit des Kredits ist zu berücksichtigen, dass eine eventuelle Anschlussfinanzierung dann nicht mehr privat erfolgen kann (z.B. weil der bisherige Kreditnehmer das Geld dann selbst benötigt), d.h. eine teurere Folgefinanzierung erforderlich sein kann. Das muss in der Finanzplanung von Beginn an berücksichtigt werden. Bei Zinsvereinbarungen mit variablem Zins ist wie auch bei Bankkrediten das Zinserhöhungsrisiko zu beachten.

Ist Privater Kredit über das Internet sinnvoll?

Bei speziellen Kreditvermittlern können Sie sich einfach, schnell und günstig Ihren Kreditwunsch über das Internet erfüllen – versprechen zumindest die Anbieter. Davor sind jedoch einige Formalitäten zu erledigen. Dreierlei jedoch sollte Ihnen jedoch von Anfang an klar sein:

- Sie erhalten das Geld von einem oder mehreren Kreditgebern, zu denen Sie keinen persönlichen Kontakt haben. Hier sind der Vermittler und für die finanzielle Abwicklung eine Bank zwischengeschaltet.
- Ersteres bedeutet natürlich, dass Ihren Unterlagen noch mehr Bedeutung zukommt. Bei der Kreditvergabe über das Internet können Sie nicht mit persönlichem Charme punkten – hier zählt die Papierform noch stärker als beim Bankgespräch.
- Oft wird damit geworben, dass keine Schufa- bzw. KSV-1870-Auskunft eingeholt wird. Das bedeutet natürlich, dass der Kreditanbieter damit rechnet, dass eine Sie betreffende Anfrage zu negativen Ergebnissen führen würde – und lässt sich dieses höhere Risiko durch einen höheren Kreditzinssatz bezahlen.

Die Kreditvermittlung erfolgt in vier Schritten:

- **Betragswahl.** Zumeist mit Mindest- und Höchstbetrag
- **Datenerfassung.** Persönliche Daten inkl. Einkommen und möglicher monatlicher Zins- und Tilgungsleistung
- **Kreditprüfung.** Bei positivem Bescheid wird das Ansuchen anonym auf der Internet-Plattform veröffentlicht.
- **Kreditgewährung.** Sie erhalten (hoffentlich) von einigen Personen das Geld in Teilbeträgen über eine zwischengeschaltete Bank.

Prüfen Sie, ob die veranschlagten Kosten wirklich niedriger sind als bei Ihrer Bank

Kosten. In der Beschreibung eines Anbieters heißt es zu den Kosten für den Kreditnehmer: „Der Kreditnehmer zahlt nur bei erfolgreichem Abschluss eines Kreditvertrages je nach Laufzeit eine Vermittlungsgebühr an den Vermittler: Bei einer Laufzeit von 36 Monaten erhebt der Vermittler eine Vermittlungsgebühr von 2,5 Prozent des Kreditbetrages bzw. umgerechnet 0,83 Prozent pro Laufzeitjahr (mindestens 40 Euro). Bei einer Laufzeit von 60 Monaten beläuft sich die Vermittlungsgebühr auf 3 Prozent des Kreditbetrages bzw. umgerechnet 0,6 Prozent pro Laufzeitjahr (mindestens 60 Euro). Die Vermittlungsgebühr wird bei Auszahlung des Kreditbetrages vom Vermittler abgezogen. Eine vorzeitige Tilgung des Kredites ist jederzeit ohne Vorfälligkeitsentschädigung möglich."

Bitte beachten Sie die folgenden Punkte:

- **Kreditbetrag.** Die Vermittlungsgebühr wird vom Kreditbetrag abgezogen, Sie müssen also einen höheren Kredit aufnehmen.
- **Vermittlungsgebühr je Laufzeitenjahr.** Hier soll die Provisionsgebühr von 2,5 Prozent bis 3 Prozent durch eine Runterrechnung auf das Laufzeitenjahr kleingerechnet werden. Das ist Unsinn! Die gesamte Gebühr wird bei der Kreditauszahlung fällig.
- **Mindestbetrag je Laufzeitenjahr.** Vorsicht ist angesagt beim Mindestbetrag je Laufzeitenjahr: z.B. bei einer Laufzeit von 36 Monaten zumindest 40 Euro je Laufzeitenjahr. Für einen Kredit von 1.000 Euro und 3 Jahren Laufzeit bedeutet dies eine Gebühr von 12 Prozent (40 Euro x 3 Jahre : 1.000 Euro).

Zu diesen Kosten des Anbieters kommen dann noch:

- die Kosten für die erforderliche Identitätsprüfung des Kreditnehmers;
- möglicherweise eine Gebühr des Vermittlers für (Online-)Kontoauszüge;
- eventuell fallen weitere Kosten für eine Restschuldversicherung oder eine
- Ablebensversicherung an, sofern sich ohne diese Sicherheit keine Kreditgeber finden lassen.

Keine Frage: Die Kreditgeber wollen auch noch Zinsen für ihr Geld. Und Sie sind es, der ihnen einen Zinssatz anbietet. Je höher, desto eher werden Sie Kreditgeber finden. Aber desto teurer wird es auch für Sie. Je weniger Sie bieten, desto größer die Gefahr, dass Sie keine Kreditgeber bekommen.

Tipp

Bei der Festlegung Ihres Kreditzinssatzes sollten Sie die zusätzlichen Kosten durch den Vermittlungsanbieter beachten. Diese sollten vorher ausgerechnet und in einen Zinssatz pro Jahr umgerechnet werden. Sonst zahlen Sie hinterher mehr als für den Bankkredit.

Was ist Finetrading?

Finetrading als neue Möglichkeit der Warenfinanzierung

Sie benötigen Kapital für den Ankauf von Waren, z.B. auch um Skonto zu nutzen? Dann ist neben der Kreditbeantragung auch Finetrading eine mögliche Alternative. Hinter diesem Wort verbirgt sich ein neues Geschäftsmodell bei der Warenfinanzierung.

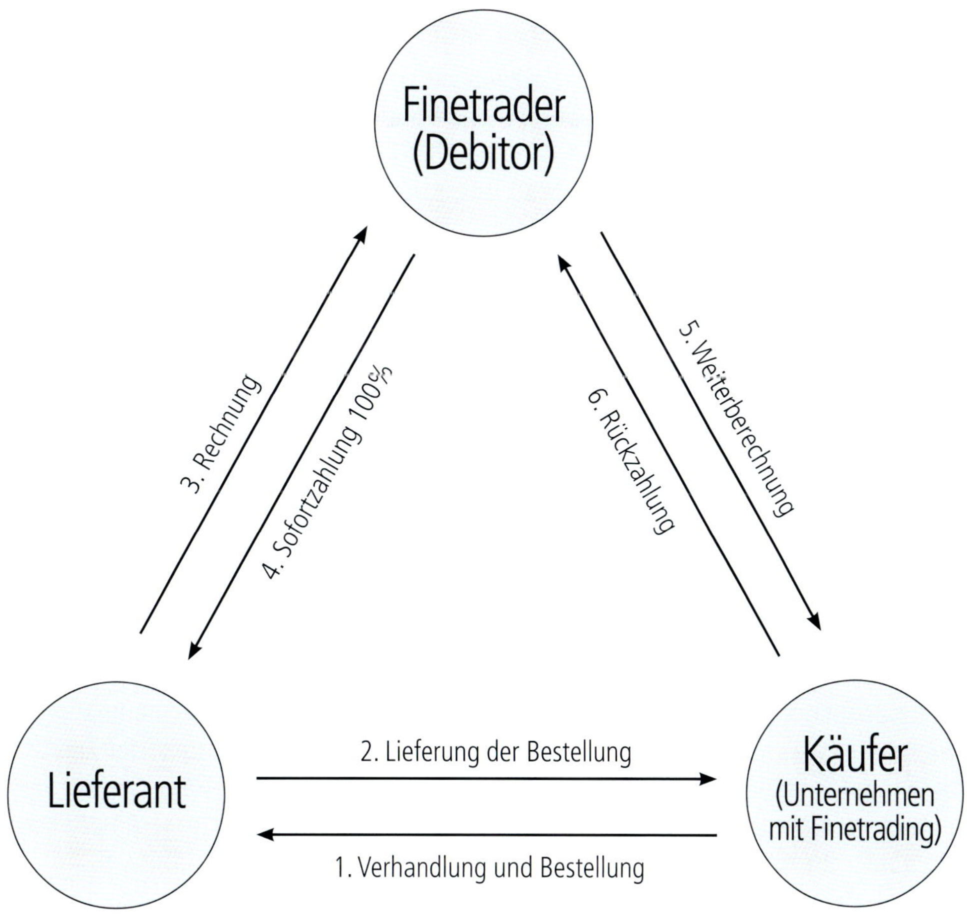

Funktionsweise Finetrading
(Quelle: Wikimedia Commons)

Sie verhandeln weiterhin mit Ihrem Lieferanten und erhalten von diesem auch die Waren zugestellt. Die Rechnung schickt der Lieferant jetzt aber an den Finetrader, einen Dienstleister. Dieser bezahlt die Rechnung unverzüglich. Und verrechnet Ihnen dann die Rechnung natürlich weiter, wobei er Ihnen ein großzügiges Zahlungsziel von z.B. 120 Tagen bietet. Sie müssen die Ware also erst nach vier Monaten bezahlen und können diese ab sofort an Ihre Kunden verkaufen.

Natürlich macht der Finetrader dies nicht aus reiner Gefälligkeit. Die Gebühren dafür hängen von der Fristigkeit und Ihrer Bonität ab. So berechnet ein Anbieter zwischen neun und 15 Prozent per anno. Diesen Prozentsatz könnten Sie problemlos mit dem Zinssatz Ihrer Bank vergleichen. Andere Anbieter berechnen zwei Prozent des Umsatzes im Jahr und einen fixen Prozentsatz zusätzlich je Monat. Hier muss intensiver gerechnet werden, um die Kosten dieser Alternative abschätzen zu können.

Tipp

Nicht angeboten wird diese Dienstleistung für Kleinbeträge. Aber bei wachsendem Geschäft und steigenden Finanzierungsbedarf für das Warenlager kann dies eine Alternative zum traditionellen Hauskredit sein. Dies auch unter dem Aspekt der Formalitäten, die beim Finetrading geringer sein sollen.

Fehler bei Privatentnahmen vermeiden?!

Sie freuen sich auf Privatentnahmen! Aber geht dies auch?

Es ist naheliegend, dass man mit der Aufnahme einer gewerblichen oder selbstständigen Tätigkeit auch zusätzliche Einnahmen verbindet, die man auch für private Ausgaben verwenden kann. Nicht ganz freiwillig aber direkt einsehbar ist dies bei den Personengesellschaften. Hier wird der Gewinn den einzelnen Gesellschaftern zugerechnet und bei diesen mit dem persönlichen Einkommenssteuersatz versteuert. Und diese Ausgaben für die Steuern müssen ja irgendwo herkommen, damit das neue Geschäft kein reines Zuschussgeschäft ist. Auf Privatentnahmen kann da wohl kaum jemand verzichten. Aber in welcher Höhe?

Fehler 1: Was darf ich rechtlich entnehmen? Kommt es bei Personengesellschaften mit einer Haftsumme wie der Kommanditgesellschaft zu Entnahmen, die zu einem Absinken des Eigenkapitals unter das Haftkapital führen, so lebt in der Höhe des ausgeschütteten Haftkapitals die Haftung wieder auf. Kommt es bei Personen- oder Einzelgesellschaft durch Ausschüttungen zu einem negativen Eigenkapital, so droht Insolvenz.

Bei Kapitalgesellschaften gibt es keine Privatentnahmen, wohl aber Ausschüttungen. Diese sind mit 27,5 Prozent Kapitalertragssteuer zu versteuern. „Ausleihungen" des/der GmbH-Gesellschafter müssen wieder eingezahlt werden.

Fehler 2: Was darf ich wirtschaftlich entnehmen? Dies hängt ganz wesentlich vom Ergebnis Ihrer Liquiditätsrechnung (► Seite 73) ab. Aus dieser geht hervor, wann Sie planmäßig mit Einnahmen und Ausgaben rechnen. Und diese Ausgaben müssen Sie innerhalb der Zahlungsfrist auch überweisen. Ihr geplanter Kapitalbedarf limitiert so Ihre Möglichkeit von Privatentnahmen.

Eine wirtschaftliche Limitierung ist natürlich auch Ihr Gewinn. In der Gesellschaft ist dies zuerst einmal Ihr Brutto-Gewinn, d.h. vor persönlichen Steuern. Nach der Überweisung müssen Sie jedoch vor einer richtigen Privatverwendung zuerst einmal die Steuern abziehen. Denn diese sind ja in jedem Fall von Ihnen zu zahlen. Nur den überschießenden Teil können Sie für Ihre privaten Ausgaben verwenden.

Fehler 3: Sind Entnahmen Kosten oder Aufwände? In der Praxis wird immer wieder der Fehler gemacht, dass Privatentnahmen in der Einnahmen-Ausgaben-Rechnung auftauchen. Grund hierfür ist wohl, dass es sich ja um Auszahlungen handelt. Allerdings dient die Einnahmen-Ausgaben-Rechnung der Ermittlung des steuerlichen Gewinns. Und sind Privatentnahmen jetzt steuerlich quasi als Werbungskosten anerkannt? Nein, natürlich nicht. Sonst könnte man eine Steuerzahlung ja alleine dadurch vermeiden, indem man die Gewinne als Privatentnahme auszahlt.

Factoring: die Forderungen verkaufen?

Factoring (von lateinisch: Rechnung) bezeichnet die Übertragung von Forderungen eines Unternehmens vor Fälligkeit an ein Kreditinstitut oder einen Dienstleister (Factor). Sie erhalten das Geld (bzw. einen Teilbetrag) für Ihre Waren- oder Dienstleistungsrechnungen bereits vor Fälligkeit.

Kann ich meine Forderungen vorzeitig zu Geld machen?

Beispiel: Sie haben ein staatliches Unternehmen oder ein großes Privatunternehmen als Kunden. Und dieser Kunde schreibt Ihnen als Zahlungsbedingung vor: „60 Tage nach Rechnungseingang". Dies bedeutet, Sie erhalten Ihr Geld erst zwei Monate nach der Erbringung Ihrer Leistung. Aber dieses Geld könnten Sie gut gebrauchen um neue Waren zu kaufen, die Löhne zu bezahlen, … Mittels Factoring könnten Sie jetzt diese Rechnungen verkaufen und so quasi früher an Ihr Geld kommen.

Die Kosten des Factorings werden individuell kalkuliert. Üblich sind drei Bestandteile:

- **Zinskosten.** Für den Betrag, den Sie bereits vor Fälligkeit erhalten, müssen Sie Zinsen bezahlen. Die Höhe orientiert sich üblicherweise an den Soll-Zinsen eines Kontokorrent-Kontos. Dieser Kostenblock ist also mit einer geduldeten Kontoüberziehung vergleichbar.
- **Factoring-Gebühr.** Diese Gebühr orientiert sich an den in Anspruch genommenen Dienstleistungen. Übertragen Sie z.B. auch das Überwachen der Fälligkeit, das Mahnwesen, etc. auf das Factoring-Unternehmen, so hat dies seinen Preis.
- **Kosten des Ausfallrisikos.** Für die Übernahme des Ausfallrisikos wird zusätzlich ein Promillesatz des Umsatzes kalkuliert.

Tipp

Factoring wird natürlich von den Anbietern als ideale Methode hervorgehoben. Aber sie hat ihren Preis. Reden Sie alternativ mit Ihrer Bank über einen höheren Betriebsmittelkredit, der durch die offenen Forderungen besichert wird. Auch hier zahlen Sie zwar Zinsen, jedoch ist der Zinssatz bei einem (besicherten) Betriebsmittelkredit oft niedriger als beim laufenden Konto. Und die Gebühr für das Factoring sparen Sie sich auch.

Soll ich Skonto anbieten?

Sie haben weiterhin das Problem der langen Zahlungsziele. D.h. Sie erhalten Ihr Geld erst nach 30 oder gar 60 Tagen. Jetzt sehen Sie aber, dass einige Ihrer Lieferanten Ihnen als Zahlungskondition z.B. „60 Tage netto, 14 Tage 2 %" anbieten. Dies bedeutet, dass Sie einen Preisnachlass von 2 Prozent erhalten, wenn Sie bereits nach zwei Wochen statt zwei Monaten bezahlen. Ist dies auch eine Möglichkeit für Sie? Oder sollten Sie lieber einen (höheren) Bankkredit mit 10 Prozent Zinsen in Anspruch nehmen?

Wichtig ist zu beachten, dass Zinsen immer auf das Jahr gerechnet werden, Preisnachlässe jedoch absolut sind. Wir rechnen also:

Das Anbieten von Skonto ist nur im Einzelfall empfehlenswert

Jahrestage : (Zahlungsziel netto – Zahlungsziel bei Skonto) x Skonto = Vergleichszinssatz
360 : (60 – 14) x 2 = 15,65

Dies bedeutet, dass Ihr Skonto von 2 Prozent und einer vorzeitigen Zahlung von 46 Tagen (60 – 14) einem Vergleichszinssatz für einen Bankkredit von 15,65 Prozent entspricht. Ist der Zinssatz der Bank günstiger, so wäre das Anbieten von Skonto in diesem Fall für Sie ungünstiger.

Tipp

Das Anbieten von Skonto ist im Normalfall nicht zu empfehlen. Es setzt in der Regel voraus, dass Sie die Kosten des Skontos vorher in den Preis eingerechnet haben. Dies aber verteuert Ihre Waren bzw. Dienstleistungen und schränkt Ihre Wettbewerbsfähigkeit ein.
In einigen Branchen wie dem Versandhandel von Bürobedarf ist das Anbieten von Skonto jedoch branchenüblich. In diesem Fall haben Sie keinen Wettbewerbsnachteil durch höhere Preise, die durch die Kosten des Skontos bedingt sind. Alternativ hätten Sie natürlich einen Wettbewerbsvorteil, wenn Sie statt der hohen Skonto-Kosten niedrigere Bankzinsen kalkulieren würden und damit Ihr Produkt preiswerter anbieten könnten.

Rechnungen korrekt erstellen und prüfen

Rechnungen dienen einerseits dem Aussteller zur Abrechnung seiner erbrachten Leistungen, andererseits sind sie beim Empfänger aber auch Nachweis der Werbungskosten und evtl. der Vorsteuer. Und spätestens damit ist klar, dass hier auch Formvorschriften zu beachten sind. Und sollten diese nicht beachtet werden, droht die Finanz mit der Nicht-Anerkennung von Werbungskosten und Vorsteuern.

Was gehört in eine Rechnung?

Wir teilen die erforderlichen Angaben in vier sich nicht ausschließende Gruppen auf:

- **Unternehmen/r ist im Firmenbuch eingetragen**
  - Angabe zur Rechtsform
  - Angabe zum Sitz des Unternehmens
  - Nennung des Firmenbuchgerichts
  - Nennung der Firmenbuchnummer

  Diese Angaben sind nicht nur bei Rechnungen, sondern auch bei Geschäftsunterlagen wie z.B. Briefpapier, Bestell- oder Lieferscheinen, der Homepage und im E-Mail anzuführen.
- **Rechnung bis 400 Euro**
  - Name und Adresse des Leistenden
  - Ausstellungsdatum der Rechnung
  - Beschreibung der Leistung (Art, Menge)
  - Tag der Leistung bzw. Leistungszeitraum. Fallen Leistungstag und Rechnungsdatum zusammen, so genügt ein Hinweis „Leistungstag siehe Rechnungsdatum"
  - Honorar der Leistung. Das ist in diesem Fall der Bruttobetrag.
  - Steuersatz, der zur Anwendung kommt
- **Rechnungen ab 400 Euro**. Hier kommen zu den oben genannten Bestandteilen weitere Angaben hinzu:
  - Nettobetrag der Rechnung. Dies gilt auch dann, wenn dieser aufgrund eines Steuersatzes von 0 Euro mit dem Bruttobetrag identisch ist.
  - Name und Adresse des Empfängers
  - Steuerbetrag
  - Umsatzsteuer-Identifikations-Nummer (UID) des Leistenden

    Fortlaufende Nummer der Rechnung. Die Finanz will diese fortlaufende Nummer haben, um Lücken in der Vollständigkeit der Buchhaltung leichter erkennen zu können. Der Unternehmer hingegen möchte seinen Kunden natürlich nicht zeigen, dass er z.B. nur wenige Rechnungen ausstellt. Von daher gibt es auch die Möglichkeit, Rechnungen z.B. innerhalb eines Jahres oder eines Monats zu nummerieren (JJMMXXX...Nummerierung innerhalb eines Monats; JJXXXXX...Nummerierung innerhalb eines Jahres). Auch muss die Jahresangabe nicht vorne stehen und können weitere Kennzeichen z.B. für online- und offline-Handel aufgenommen werden.
- **Rechnungen ab 10.000 Euro.** Hier ist zusätzlich die UID-Nummer des Leistungsempfängers erforderlich.

Eine Rechnung ist schon ein komplexes und umfangreiches Dokument

Kleinunternehmer, die keine Umsatzsteuer verrechnen, benötigen folgende Angaben nicht:

- Steuersatz, statt dessen dann aber: „Der Betrag ist steuerfrei aufgrund der Kleinunternehmerregelung"
- Steuerbetrag
- UID-Nummer

Tipp

Sie sollten folgenden Satz zusätzlich aufnehmen: „Bei Entfall der Kleinunternehmerregelung behalte ich mir die Nachverrechnung der Umsatzsteuer vor." (siehe ► Seite 90).

Die Kleinunternehmerregelung: Mit oder ohne Umsatzsteuer?

Kleinunternehmer sind von der Mehrwertsteuer befreit, d.h. sie müssen Ihren Kunden keine Mehrwertsteuer in Rechnung stellen. Im Gegenzug dazu können Sie allerdings auch keine Vorsteuern (ihnen in Rechnung gestellte Mehrwertsteuer) geltend machen und vom Finanzamt zurückfordern.

Die Bezeichnung des „Kleinunternehmers" hängt einerseits vom Sitz des Unternehmens in Österreich und andererseits vom Jahresumsatz ab. Hier gilt ab 2020 eine Grenze von 35.000 Euro Jahresumsatz. Sofern Sie verschiedene unternehmerische Tätigkeiten ausüben (z.B. Gewerbebetrieb, Vermietung, Land- und Forstwirtschaft) sind alle Umsätze zusammenzurechnen. Der Jahresumsatz eines pauschalierten Land- und Forstbetriebes wird dabei mit dem 1,5-fachen des Einheitswertes angenommen.

Die Kleinunternehmergrenze hilft Ihnen beim Verkauf an Privatpersonen

Für die Berechnung der Grenze (Netto-Umsatz) von 35.000 Euro ist lt. Wolf (2019, 2020) aus den Jahresumsätzen die Mehrwertsteuer herauszurechnen, auch wenn der Kleinunternehmer seinen Kunden ja keine Mehrwertsteuer in Rechnung gestellt hat. In der Praxis teilen Sie Ihre Umsätze, die einem üblichen Steuersatz von 20 Prozent unterliegen, durch 1,2 und erhalten so den „Netto"-Betrag. Und bei einem Steuersatz von 10 Prozent (Vermietung an Privatpersonen) durch 1,1.

Beispiel

Umsatz	Steuersatz	Divisor	„Netto"-Umsatz	Ergebnis
42.000	20 %	1,2	35.000	Kleinunternehmer
38.500	10 %	1,1	35.000	Kleinunternehmer
43.000	20 %	1,2	35.833,33	Mehrwertsteuerpflicht[1)]

[1] Innerhalb von fünf Jahren darf die Grenze von 35.000 Euro einmal um max. 5.000 Euro auf 40.000 Euro überschritten werden. Dies wieder als „Netto"-Umsatz, d.h. als „Brutto"-Umsatz 48.000 Euro (20% MwSt.) bzw. 44.000 Euro (10% MwSt.)

Hat der Unternehmer mehrere unternehmerische Tätigkeiten mit unterschiedlichen Steuersätzen (z.B. Gewerbe mit 20 Prozent Vermietung mit 10 Prozent), so ist die Berechnung je Steuersatz durchzuführen und sind die Ergebnisse danach zu addieren.

Aber es gibt auch Umsätze, die in obige Grenze eines „Netto"-Umsatzes nicht eingerechnet werden, die also Ihren „Spielraum" entsprechend erhöhen. Dies sind gemäß der Wirtschaftskammer Österreich (https://www.wko.at/service/steuern/Kleinunternehmerregelung-(Umsatzsteuer).html)

- Umsätze aus Hilfsgeschäften (Verkauf von Anlagegütern) und Geschäftsveräußerungen
- Einfuhren
- innergemeinschaftliche Erwerbe (Import aus anderen EU-Ländern)
- Umsätze, bei denen die Steuerschuld auf Kleinunternehmer übergeht

sowie zahlreiche steuerbefreite Umsätze, wie

- Umsätze von im Inland gültigen amtlichen Wertzeichen zum aufgedruckten Wert
- Lieferung von Anlagengold in bestimmten Formen

- Vergütungen an Mitglieder eines Aufsichtsrates, Verwaltungsrates oder andere mit der Überwachung der Geschäftsführung beauftragte Personen, die für diese Funktion gewährt werden
- bestimmte Wettumsätze
- unter gewissen Voraussetzungen Umsätze von Blinden
- Umsätze von Privatschulen
- Umsätze von Privatlehrern
- Veranstaltungsumsätze von Volksbildungsvereinen
- Umsätze von Bausparkassen und Versicherungsvertretern
- Umsätze von gemeinnützigen Sportvereinen
- Umsätze von Pflege- und Tagesmüttern oder Pflegeeltern
- Umsätze von verschiedenen Heimen
- Umsätze von Personen, die diverse Gesundheitsberufe ausüben (z.B. auch Heilmasseure)
- Umsätze von Zahntechnikern
- Umsätze durch Krankenbeförderung
- Umsätze von Körperschaften öffentlichen Rechts oder gemeinnützigen Einrichtungen aus dem Betrieb von Theatern, Musik- und Gesangsaufführungen, Museen, botanische oder zoologischen Gärten oder Naturparks
- Umsätze aus der Lieferung von Gegenständen, für die der Unternehmer bei der Anschaffung keinen Vorsteuerabzug vornehmen konnte

Auch bei Kleinunternehmern entsteht in besonderen Fällen eine Umsatzsteuerzahlungspflicht. Beispiele daierfür sind:

- verbotenerweise werden Rechnungen mit Umsatzsteuer ausgestellt,
- bei steuerpflichtigen innergemeinschaftlichen Erwerben und
- bei Dienstleistungsbezügen von ausländischen Unternehmen sowie
- bei jenen Lieferungen und Dienstleistungen im Inland, bei denen der Abnehmer/ Leistungsempfänger die Umsatzsteuer schuldet („Reverse Charge").

Wenn Sie meinen, dass die Umsatzsteuerbefreiung nachteilig für Sie ist (z.B. wegen hoher Vorsteuern in der Gründerphase; Kunden sind hauptsächlich vorsteuerabzugsberechtigte Unternehmer) können Sie auf diese verzichten.

Tipp

Sind Ihre Kunden überwiegend vorsteuerabzugsberechtig, so ist der Verzicht auf die Kleinunternehmerregelung für Sie zumeist vorteilhaft. Sind Ihre Kunden jedoch Endkunden, d.h. sie können die Vorsteuer nicht geltend machen, so verteuern sich durch den Verzicht auf die Mehrwertsteuerbefreiung Ihre Waren um den Steuerbetrag. Und hierdurch verschlechtert sich Ihre Wettbewerbssituation aufgrund höherer Preise oder Ihre Ertragssituation aufgrund dann erforderlicher niedrigerer Netto-Preise.

Für Umsätze mit Unternehmen benötigen Sie die Kleinunternehmerregelung nicht

Der Verzicht auf die Kleinunternehmerregelung erfolgt mittels Optionserklärung und ist gegenüber dem Finanzamt schriftlich zu erklären (Formular U12, abrufbar auf www.bmf.gv.at).

Sie können die Optionserklärung spätestens bis zur Rechtskraft des Umsatzsteuerbescheides abgeben. Danach sind Sie mindestens für das Jahr, für das Sie die Erklärung abgegeben haben und für weitere 4 Jahre gebunden. Erst nach Ablauf dieser Bindungsfrist können Sie die Optionserklärung widerrufen. Der Widerruf muss bis zum 31ten Januar jenes Kalenderjahres erfolgen, ab dem er gelten soll.

Wie prüfe ich Lieferantenrechnungen richtig?

Jede Lieferantenrechnung bedeutet Kosten und Ausgaben. Und damit ist natürlich klar, dass diese Rechnung vor einer Bezahlung gründlich geprüft werden sollte. Einige der erforderlichen Prüfschritte sind leicht verständlich, andere hingegen sind für den Jungunternehmer überraschend.

- **Wurde die Ware bestellt?** Ja, es ist schon häufiger vorgekommen: Es wird eine nicht bestellte Ware abgerechnet. Aber will und muss ich diese Ware auch abnehmen (sofern wirklich geliefert) und bezahlen?
- **Wurde die Ware geliefert?** Wurde die bestellte Ware in der erforderlichen Stückzahl, mit den richtigen Leistungsmerkmalen, zum vereinbarten Preis, in der richtigen Ausführung etc. geliefert?
- **Formale Richtigkeit der Rechnung?** Sind alle für eine Rechnung erforderlichen Angaben (► Seite 85) in der Rechnung enthalten?
- **Inhaltliche und rechnerische Richtigkeit der Rechnung?** Stimmt die Rechnung inhaltlich mit der Bestellung (Ware, Menge, Preis, Zahlungsbedingungen, ...) überein? Ist die Rechnung auch rechnerisch korrekt?
- **Korrektheit der UID-Nummer?** Sofern der Lieferant eine UID-Nummer angegeben hat und Sie die in der Rechnung enthaltene Mehrwertsteuer als Vorsteuer nutzen möchten, sollte bei jeder neuen Geschäftsbeziehung die UID-Nummer des Lieferanten geprüft werden. Denn nur bei korrekter UID-Nummer akzeptiert die Finanz bei Prüfungen den Vorsteuerabzug.

Wo kann ich UID-Nummern mit geringem Aufwand prüfen?

Die Überprüfung der österreichischen UID-Nummer ist möglich z.B. auf der Homepage https://www.finanz.at/steuern/umsatzsteuer/uid-nummer/

Hier geben Sie die Nummer beginnend mit „ATU" ein und erhalten als Ergebnis eine Fehlermeldung (wenn die Nummer falsch ist) oder eine Bestätigung mit Nennung des Inhabers der Nummer. Und dieser Inhaber sollte natürlich mit dem Rechnungssteller übereinstimmen.

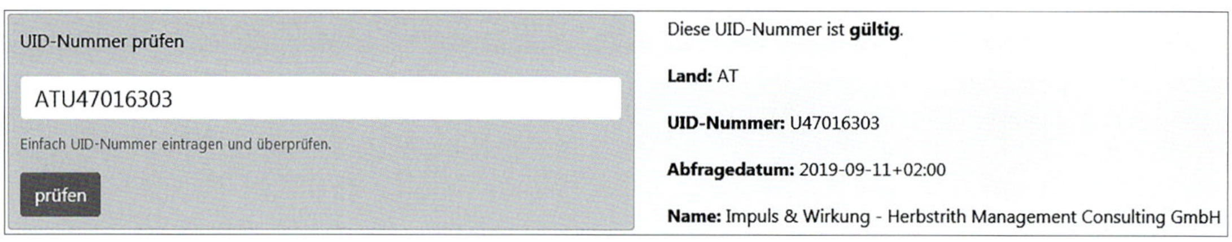

Die UID-Nummer aus anderen EU-Mitgliedsstaaten prüfen Sie am besten über das MIAS-System (MwSt-Austauschsystem) der Europäischen Kommission unter http://ec.europa.eu/taxation_customs/vies/vieshome.do?selectedLanguage=de

Drucken Sie die Ergebnisse aus und archivieren diese zum Nachweis, dass Sie die UID-Nummer positiv geprüft haben.

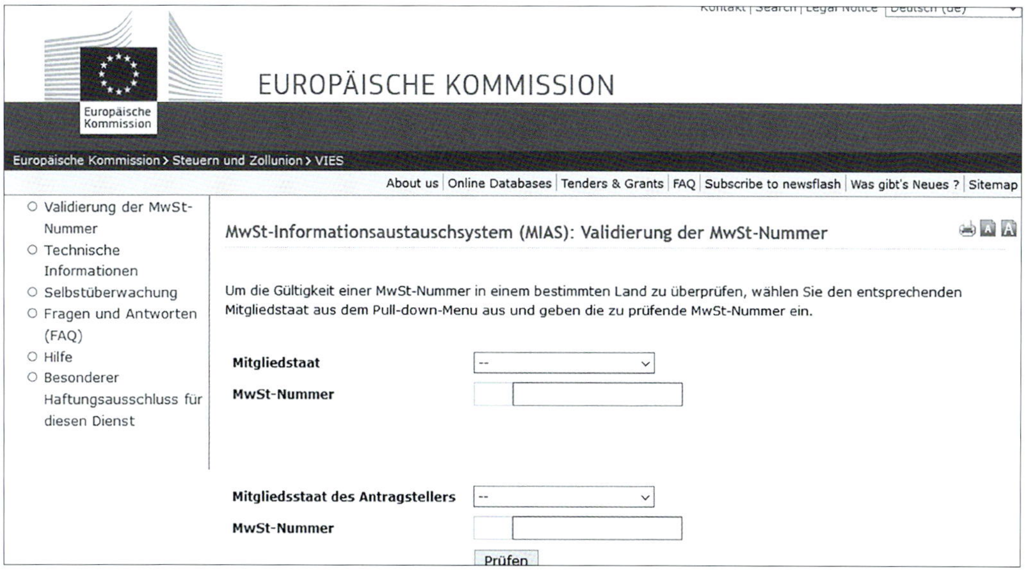

Konto überziehen für Skonto?

Ihr Lieferant bietet Ihnen in den Zahlungsbedingungen zumeist an, dass Sie die Ware nicht unverzüglich bezahlen müssen. Übliche Zahlungsfristen sind z.B. „14 Tage netto" für ein Zahlungsziel von zwei Wochen oder „30 Tage netto" für eine Zahlungsfrist von einem Monat. Und die Ausnutzung der Zahlungsfrist schont Ihr Konto, d.h. Sie kommen nicht so schnell ins Minus und müssen nicht so schnell hohe Sollzinsen bezahlen.

Einige Lieferanten bieten ihren Kunden aber auch Skonto an. Dabei handelt es sich um einen Preisnachlass für eine sofortige oder kurzfristigere Zahlung. Beispielsweise „30 Tage netto, 14 Tage 2 %". Hat der Zahlungspflichtige ausreichend Geld auf dem Konto ist die Sache klar: Bei einer Bezahlung innerhalb von 14 Tagen wird die Ware um 2 Prozent günstiger. Aber was ist, wenn das Konto bereits im Minus ist oder durch die Zahlung überzogen wird? Schließlich verrechnet die Bank oft 14 Prozent Sollzinsen und evtl. zusätzlich Überziehungsprovision?

Beispiel

Wir lösen diese Frage rechnerisch bei einem Rechnungsbetrag von 1.000 Euro, Zahlungsziel 30 Tage und 2 Prozent Skonto bei Zahlung innerhalb von 2 Wochen.

- **Skonto.** 1.000 Euro x 2 % = 20 Euro
- **Sollzinsen.** 1.000 Euro : 100 x 14 (% Sollzinsen) x 14 Tage : 360 Tage = 5,44 Euro
- **Ergebnis.** Auch bei 14 Prozent Sollzinsen ist es vorteilhaft, für die Inanspruchnahme von Skonto das Konto kurzzeitig zu überziehen.

Das Ausnutzen von Skonto ist keine Glaubensfrage, sondern das Ergebnis einer Vergleichsrechnung

Tipp

Sie können auch einfacher rechnen mit:

360 Jahrestage : (Anzahl Tage vorzeitige Zahlung) x Prozentsatz Skonto = Vergleichszinssatz
360 Jahrestage : 14 Tage x 2 % = 51,43 %

Ist der Vergleichszinssatz höher als der von der Bank verlangte Sollzinssatz (plus evtl. Überziehungsprovisionssatz), so machen Sie bei vorzeitiger Zahlung ein gutes Geschäft.

Und kann Ihr Geschäftspartner nicht rechnen? Nun, Ihr Geschäftspartner hat diese für ihn hohen Kosten natürlich vorher in den Preis eingerechnet.

Was tun bei Entfall der Kleinunternehmerregelung?

Die Kleinunternehmerregelung gilt nur für Jahresumsätze von bis zu 35.000 Euro. Hierbei handelt es sich lt. Wolf (2019, 2020) nach einem Urteil des Verwaltungsgerichtshofs um eine „Netto"-Grenze, d.h. ohne Berücksichtigung der Umsatzsteuer. Je nach Art der Umsätze und deren Steuerbelastung ist der „Netto"-Betrag von 35.000 Euro also auf den „Brutto"-Betrag hochzurechnen:

„Netto"-Betrag	Beispiel Waren	Steuersatz	„Brutto"-Betrag
35.000	Mieten	10 %	38.500
35.000	Vorträge, Güter, …	20 %	42.000

Zusätzlich zu dieser erhöhten Umsatzgrenze je Kalenderjahr dürfen Sie einmal in fünf Jahren diese Grenze um bis zu 5.000 Euro überschreiten. Die kritischen Beträge sind damit:

„Brutto"-Betrag	Toleranzgrenze	einmalige absolute Grenze
38.500	€ 5.000	€ 44.000 = (35.000 + 5.000) x 1,1
42.000	€ 5.000	€ 48.000 = (35.000 + 5.000) x 1,2

Überschreiten Sie den „Brutto"-Betrag innerhalb von fünf Jahren mehrfach oder die absolute Grenze auch nur einmalig, so werden alle Umsätze des entsprechenden Kalenderjahres nachträglich mehrwertsteuerpflichtig. Und Sie müssen die (bisher) nicht berechnete und daher auch nicht erhaltene Mehrwertsteuer an das Finanzamt abführen. Bei einem „Brutto"-Umsatz von 42.001 Euro und einem Steuersatz von 20 Prozent sind dies immerhin 8.400 Euro an nicht erwarteten Ausgaben. Ihre Handlungsoptionen sind:

Im Falle eines Überschreitens sollten Sie bereits vorher wissen, was Ihre Optionen sind

Umsätze später verrechnen. Am Jahresende bietet es sich an, Umsätze nicht mehr im aktuellen Kalenderjahr, sondern erst im Folgejahr in Rechnung zu stellen. Dies kann selbst dann sinnvoll sein, wenn Sie aufgrund der in den Umsätzen enthaltenen Kostenbestandteile (Materialien, gekaufte Waren, …) einen Kredit (z.B. Kontoüberziehung) in Anspruch nehmen müssen.

Verzicht auf Umsatz. Spätestens, wenn Sie in die Nähe obiger Umsatz-Grenzen kommen, sollten Sie vor der Annahme eines weiteren Auftrages genau prüfen, ob Sie hierdurch aus der Kleinunternehmerregelung herausfallen und mehrwertsteuerpflichtig werden. Sie sollten den weiteren Auftrag dann möglicherweise ablehnen, zumindest jedoch ab diesem Umsatz Ihren Kunden Mehrwertsteuer in Rechnung stellen.

Nachverrechnung Mehrwertsteuer. Wir hatten Ihnen nahegelegt (► Seite 85), auf Ihre Rechnung den Vermerk „Bei Entfall der Kleinunternehmerregelung behalte ich mir die Nachverrechnung der Mehrwertsteuer vor" aufzunehmen. Dementsprechend können Sie dann sämtliche Rechnungen des Kalenderjahres mit Nachverrechnung der Umsatzsteuer neu ausstellen. Hierzu müssen Sie neben dem Mehrwertsteuerbetrag auch den Steuersatz und Ihre UID-Nummer auf der Rechnung anführen. Ihre gewerblichen Kunden können diese Mehrwertsteuer dann als Vorsteuer geltend machen, haben aber natürlich den zusätzlichen Arbeitsaufwand. Ihre privaten Kunden können die Vorsteuer nicht geltend machen. Von daher wird es wahrscheinlich schwierig sein, von diesen die zusätzliche Mehrwertsteuer nachträglich zu erhalten.

Nachträgliche Geltendmachung Vorsteuer. Mit dem Entfall der Kleinunternehmerregelung können Sie jetzt natürlich auch gezahlte Mehrwertsteuer für die von Ihnen gekauften Waren und Dienstleistungen geltend machen. Dafür müssen Sie die Brutto-Beträge Ihrer Eingangsrechnungen in „Netto" und Mehrwertsteuer aufteilen. Die Mehrwertsteuer können Sie als Vorsteuern beim Finanzamt geltend machen, der jetzt geringere („Netto"-)Betrag der Eingangsrechnungen führt zu geringeren Werbungskosten und damit höherem Gewinn.

Tipp

Kontrollieren Sie bereits im Vorfeld genau, ob Sie durch zusätzliche Aufträge/Umsätze aus der Kleinunternehmerregelung herausfallen. Denn nur so haben Sie die meisten Handlungsoptionen und damit die Chance, nicht auf hohen Steuerzahlungen sitzen zu bleiben.

Gibt es eine Umsatzsteuerfreiheit innerhalb Europas?

Liefern Sie Waren oder Dienstleistungen an einen anderen Unternehmer innerhalb Europas (z.B. Fachvortrag in Deutschland), so kann der Leistungsempfänger die von Ihnen in Rechnung gestellte Mehrwertsteuer über sein Heimat-Finanzamt beim österreichischen Finanzamt als Vorsteuer geltend machen. Ein ziemlich aufwändiges Verfahren, aber unter bestimmten Umständen gibt es die Erleichterung, dass Sie dem Kunden keine Mehrwertsteuer in Rechnung stellen müssen.

Bei Lieferungen von oder in andere EU-Länder winkt Umsatzsteuerfreiheit

Lieferungen zwischen Unternehmern in verschiedenen EU-Mitgliedstaaten bezeichnet man als innergemeinschaftliche Lieferungen. Wenn Sie Lieferungen in einen anderen Mitgliedstaat der EU tätigen, sollten Sie prüfen, ob Sie von der dafür vorgesehenen Steuerbefreiung Gebrauch machen können.

Für innergemeinschaftliche Lieferungen hängt die Steuerbefreiung im Wesentlichen von folgenden Voraussetzungen ab (Art 7 Abs.1 Umsatzsteuergesetz (UStG)):

- Der Unternehmer oder der Abnehmer befördert oder versendet den Liefergegenstand in einen anderen EU-Mitgliedsstaat.
- Der Abnehmer ist ein Unternehmer, der den Gegenstand für sein Unternehmen erworben hat. Auch juristische Personen, die selbst nicht Unternehmer sind oder den Gegenstand nicht für ihr Unternehmen erwerben, fallen hierunter.
- Der Erwerb des Liefergegenstandes ist beim Abnehmer im betreffenden Mitgliedstaat steuerbar (Erwerbsbesteuerung), d.h. kann von diesem z.B. als Werbungskosten steuerlich genutzt werden.
- Die genannten Voraussetzungen sind nachzuweisen. Dies geschieht unter anderem durch Aufzeichnung der Umsatzsteuer-Identifikations-Nummer (UID-Nummer) des Abnehmers der Lieferung (Art. 7 Abs. 3 UStG).

Weiters gelten für die Rechnung folgende Formalvorschriften:

- Hinweis auf die Steuerfreiheit (Art 11 Abs. 1 UStG: „Diese Rechnung unterliegt dem Reverse-Charge-Prinzip gem. Art. 196 der EU-Mehrwertsteuersystemrichtlinie 2008/8/EG")

- Angabe der UID-Nummer des liefernden Unternehmers und seines Abnehmers (Art 11 Abs. 2 UStG).

Bei grenzüberschreitenden Lieferungen gilt es, Fristen zu beachten

Im Falle einer innergemeinschaftlichen Lieferung besteht für den leistenden Unternehmer eine Rechnungsausstellungsverpflichtung bis spätestens zum 15. des Folgemonats nach der Lieferung (z.B. 15. März bei Lieferung im Februar). Dies gilt allerdings nicht für Anzahlungen.

Die UID-Nummer des Abnehmers ist hier von Bedeutung. Mit dieser weist Ihr Kunde nach, dass er als Unternehmer Gegenstände für sein Unternehmen erwirbt und die Lieferung in seinem Mitgliedstaat der Erwerbsbesteuerung unterzieht.

Die UID-Nummer ist ein nicht unwesentliches Indiz – jedoch nicht das einzige – für das Vorliegen der Unternehmereigenschaft. Damit Sie sich von der Gültigkeit der UID-Nummer eines Geschäftspartners überzeugen können, wurde EU-weit das so genannte „Bestätigungsverfahren“ (► Seite 89) eingeführt.

Tipp

Und wenn Sie Lieferanten in den EU-Mitgliedsstaaten haben? Dann sollten Sie diesen Ihre UID-Nummer mitteilen und auf Rechnungsstellung ohne Mehrwertsteuer bestehen. So ersparen Sie sich die ansonsten notwendige Liquidität für die Bezahlung der Mehrwertsteuer sowie Zeit und Aufwand für die Rückholung beim ausländischen Finanzamt (► Seite 126).

Meine Buchhaltung

Benötigen Sie eine Buchhaltung? Ja! Schließlich will das Finanzamt ja auch an Ihrem Erfolg teilhaben. Aber gerade für kleine Unternehmen gibt es Erleichterungen.

Was ist eine Einnahmen- und Ausgabenrechnung?

Die Einnahmen-Ausgaben-Rechnung ist eine vereinfachte Art der Gewinnermittlung. Mit Ausnahme weniger Positionen wird der Gewinn als Differenz der Betriebseinnahmen und der Betriebsausgaben ermittelt. Also ein einfaches Zu- und Abfluss-Prinzip innerhalb des Geschäftsjahres. Noch weiter vereinfachen können Sie Ihre Buchhaltung durch die Verwendung von Aufwandspauschalen für einige oder alle Betriebsausgaben (► Seite 119).

Eine Einnahmen-Ausgaben-Rechnung können Sie verwenden, sofern

Für kleine Selbstständige ist eine Einnahmen- und Ausgabenrechnung ideal

- Sie nicht freiwillig für die Bilanzierung votiert haben
- Sie nicht der Buchführungspflicht (bei Umsätzen von über 700.000 Euro in zwei aufeinander folgenden Jahren bzw. über 1.000.000 Euro während eines Jahres) unterliegen.

Generell buchführungspflichtig sind Kapitalgesellschaften (GmbH und AG) sowie Personengesellschaften mit beschränkter Haftung (GmbH & Co. KG). Einnahmen-Ausgaben-Rechner müssen folgende Aufzeichnungen führen:

- Erfassung der Betriebseinnahmen und Betriebsausgaben
- Eventuell Registrierkasse (► Seite 59)
- Wareneingangsbuch
- Anlagenverzeichnis
- Lohnkonten, wenn Dienstnehmer beschäftigt werden

Es ist möglich, die Führung der Bücher und Aufzeichnungen auf Datenträgern vorzunehmen. Es muss jedoch die inhaltsgleiche, vollständige und geordnete Wiedergabe bis zum Ablauf der gesetzlichen Aufbewahrungsfrist jederzeit gewährleistet werden. Zusätzlich muss die vollständige und richtige Erfassung aller Geschäftsvorfälle durch entsprechende (technische) Einrichtungen gesichert sein.

Bitte beachten Sie: Excel-Tabellen sind nicht zulässig, da sie jederzeit nachträglich veränderbar sind. So kann nicht überprüft werden, ob Änderungen vorgenommen wurden oder nicht. Üblicherweise werden die Aufzeichnungen in einem fortlaufend nummerierten Journal oder mittels Buchführungsprogramm vorgenommen.

Tipp

Excel-Tabellen sind jedoch sehr gut geeignet, um einen kurzfristigen Überblick über Ihre Gewinnsituation zu erhalten. Auch wenn Sie Ihre Buchführung/Einnahmen-Ausgaben-Rechnung zum Steuerberater geben, sollten Sie eine Zweiterfassung in Excel machen, um jederzeit Ihren Erfolgsstand zu sehen. Die Unterlagen beim Steuerberater geben Sie zumeist nur monatlich ab und erhalten diese erst deutlich später zurück.

Für die Einnahmen-Ausgaben-Rechnung haben wir im Anhang (► Seite 141ff, Anlage E) ein Muster beigefügt. Dazu einige Anmerkungen:

Über Bank und Kasse werden sämtliche Einnahmen und Ausgaben abgewickelt. Zur besseren Orientierung untergliedern sich Bank und Kasse auch in diese. Wichtig ist, dass einige Ausgaben nicht steuerlich relevant sind: z.B. Privatentnahmen (► Seite 80), private Einkommensteuer,

Anschaffungspreis von Anlagen mit Abschreibung. Diese gehören nicht in die Einnahmen-Ausgaben-Rechnung. Die Nummerierung der Belege erfolgt bzgl. Bank und Kasse getrennt und wird auch auf die Belege (z.B. Kontoauszug) geschrieben.

Sofern Sie mehrwertsteuerpflichtig/vorsteuerabzugsberechtigt sind, sollten Sie die Mehrwertsteuer in die Berechnung integrieren. Sie machen dies durch eine zusätzliche Spalte für Vorsteuer. Die Umsatzsteuer von Ihren Einnahmen können Sie am Monatsende aus der Summe heraus rechnen. In unserem Beispiel unterstellen wir, dass Sie alle Waren mit dem gleichen Mehrwertsteuersatz verkaufen.

Die weiteren Spalten dienen der Vereinfachung bei Ihrer persönlichen Einkommenssteuererklärung. Diese machen Sie mit dem Formular E1 über FinanzOnline. Für Ihre Umsatzsteuererklärung (sofern Sie diese abgeben müssen) benötigen Sie nur die Umsatzhöhe (je Mehrwertsteuersatz und als Gesamtsumme), den Mehrwertsteuerbetrag (je Mehrwertsteuersatz) und die Vorsteuer.

Belege: Was bedeutet die Aufbewahrungspflicht?

In Österreich gibt es eine Aufbewahrungspflicht für alle Buchhaltungsunterlagen und Aufzeichnungen (Konten, Belege, Geschäftspapiere, Aufstellung der Einnahmen und Ausgaben, etc.). Sie beträgt generell sieben Jahre. Die Frist beginnt mit dem Ende des Kalenderjahres, für das die Verbuchung vorgenommen wurde bzw. auf das sich der Beleg bezieht. Bei einem vom Kalenderjahr abweichenden Wirtschaftsjahr läuft die Frist vom Schluss des Kalenderjahres, in dem das Wirtschaftsjahr endet [§ 132 Abs. 1 Bundesabgabenordnung (BAO)].

Mindestens 7 Jahre sind alle Unterlagen aufzubewahren

Die Buchhaltungsunterlagen können auch elektronisch archiviert werden. Das Abgabenrecht erlaubt die Verwendung von Belegscannern, Mikrofilmen und Datenträgern, wenn die vollständige, geordnete, inhaltsgleiche und urschriftgetreue Wiedergabe bis zum Ablauf der gesetzlichen Aufbewahrungsfrist jederzeit gewährleistet ist. Soweit solche Unterlagen nur auf Datenträgern vorliegen, entfällt das Erfordernis der urschriftgetreuen Wiedergabe (§ 132 Abs. 2 BAO).

Bei EDV- Buchführung oder EDV-Aufzeichnungen sind die Daten in entsprechender elektronischer Form auf Datenträgern aufzubewahren und im Fall einer Prüfung zur Verfügung zu stellen (§§ 131,132 BAO).

Tipp

Sofern Sie die Belege in elektronischer Form aufbewahren, sollten Sie zugleich sicherstellen, dass die entsprechenden Lesegeräte bis zum Ende der Aufbewahrungsfrist verfügbar und einsatzbereit sind.

Die Aufbewahrungszeiten können auch zwölf Jahre betragen, wenn es sich z.B. um Unterlagen und Aufzeichnungen handelt, die Grundstücke betreffen, für bestimmte Grundstücke sogar 22 Jahre (§ 18 Abs. 10 UStG). Spätestens im Zusammenhang mit Grundstücken sollten Sie den Steuerberater fragen. Zudem sind in einem anhängigen Abgaben- oder Gerichtsverfahren die Unterlagen trotz Fristablaufes weiter aufzubewahren.

Unternehmens- und Steuerrecht: gibt es Unterschiede?

Leider ja, da das Finanzamt nicht alle angefallenen Kosten auch steuerlich anerkennt. Dies bedeutet dann natürlich, dass der steuerliche Gewinn und damit auch die Steuern höher sind. Lassen Sie uns einige der typischen Unterschiede einmal ansehen:

Bewirtung. Bewirtungsspesen fallen zwar zu 100 Prozent an, werden vom Finanzamt jedoch nur zur Hälfte oder gar nicht anerkannt. 50 Prozent werden anerkannt, wenn zu einem Arbeitsessen zur Erlangung eines Geschäftsabschlusses eingeladen wird. An einem Essen nach Geschäftsabschluss beteiligt sich das Finanzamt hingegen nicht (► Seite 125).

Privat- versus Betriebsanteil. Wird ein betriebliches Anlagegut (z.B. Auto, Computer, ...) auch privat genutzt, so ist der privat genutzte Anteil aus den steuerlich absetzbaren Kosten heraus zu rechnen.

Luxustangente Auto. Bei Personenkraftwagen gibt es eine Betragsgrenze von 40.000 Euro. Liegen die Anschaffungskosten darüber, so kann der darüber hinausgehende Betrag nicht steuerlich genutzt werden. Dies gilt auch für alle vom Anschaffungswert abhängigen Kosten wie z.B. Versicherungsprämien oder Leasingkosten. Diese sind dann anteilig aus den Betriebskosten herauszurechnen.

Abschreibung Firmenwert. Ein Firmenwert entsteht vorrangig durch einen Kaufpreis oberhalb des Aktivvermögens eines Unternehmens. Nach Handelsrecht kann ein Firmenwert über zwei bis 15 Jahre abgeschrieben werden, nach Steuerrecht nur über 15 Jahre (Gewerbebetrieb) bzw. fünf Jahre (Freiberufler).

Bei Firmenwerten, Rückstellungen und Wertberichtigungen hilft der Steuerberater

Garantie- und Gewährleistungsrückstellungen, Pauschale Rückstellungen werden steuerlich nicht anerkannt. Einzelrückstellungen sind steuerlich absetzbar, wenn nachgewiesen werden kann, dass ein Kunde die Garantie oder Gewährleistung in Anspruch nimmt.

Wertberichtigung auf Forderungen. Im Handelsrecht gibt es ein Verbot von pauschalen Wertberichtigungen auf Forderungen. Im Steuerrecht sind pauschale Einzelwertberichtigungen hingegen zulässig.

Tipp

Die steuerliche (Nicht-)Berücksichtigung von Kosten wird auch als Mehr-Weniger-Rechnung (MWR) bezeichnet. Sie finden die Angaben im Formular E1a im Block „Steuerliche Mehr-Weniger-Rechnung".

Anlagenbuch und Abschreibung

Beim Kauf von Anlagegütern wie einem Computer, einem Auto, etc. können Sie Ihre Ausgaben nicht vollständig im Jahr der Anschaffung steuerlich geltend machen. Die Anschaffungskosten sind vielmehr über die gewöhnliche (und vom Finanzamt anerkannte) Nutzungsdauer zu verteilen. Bei einem Computer z.B. über drei Jahre, beim PKW über acht Jahre. Für das Anlagebuch (Muster im Serviceteil ► Seite 141ff, Anlage F) benötigen Sie folgende Angaben:

- Fortlaufende Nummer
- Datum des Kaufs
- Kurzbeschreibung des Anlageguts
- Nutzungsdauer in Jahren
- Anschaffungskosten
- Buchwert zum 1.1.
- Abschreibung des Jahres
- Buchwert zum 31.12

Aber es gibt zwei wesentliche Erleichterungen für Sie:

Was sind Geringwertige Wirtschaftsgüter?

Diese Regelungen helfen beim Steuern sparen im Jahr der Anschaffung

„Geringwertige" Wirtschaftsgüter sind nicht geringwertig! Allerdings liegt der Anschaffungspreis unter einem Grenzwert. Dieser beträgt ab 2020 800 Euro (zuvor 400 Euro). Alle Anschaffungen bis zu 800 Euro können Sie direkt im Anschaffungsjahr steuerlich als Ausgaben geltend machen und damit Steuerbemessungsgrundlage und Steuern senken.

Was versteht man unter Hälfteregelung?

Immer wieder kommt die Frage auf, wie die Abschreibung bei einem unterjährigen Erwerb (z.B. am 23. April) zu berechnen ist. Hier sieht der Gesetzgeber eine Vereinfachungsregel vor:

Anschaffung im	volle Jahresabschreibung	halbe Jahresabschreibung
ersten Halbjahr	X	
zweiten Halbjahr		X

Tipp

Die Nutzung beider Vereinfachungsregeln führt dazu, dass Sie Anlagegüter früher abschreiben können. Dies bedeutet, dass Ihre Kosten höher und der steuerliche Gewinn niedriger sind. Im Ergebnis also: Sie sparen in früheren Jahren Steuern und damit Liquidität, die Sie ja für den Anlagekauf benötigen.

Kennen Sie sich bei der Sozialversicherung aus?

Das Gebiet der Sozialversicherung ist umfangreich und kompliziert. Da ist es leicht möglich, Fehler zu machen und Chancen zu übersehen. Wir haben einige typische Problemfelder für Sie herausgegriffen.

Geringe Einkünfte: Befreiung von der gewerblichen Sozialversicherung

Gewerbliche Einzelunternehmer oder Ärzte mit nur geringen Einkünften, welche nach dem Sozialversicherungsgesetz der freiberuflich selbstständig Erwerbstätigen (FSVG) versichert sind, können sich unter Umständen von der gewerblichen Sozialversicherung befreien lassen. Dafür sind folgende Voraussetzungen zu erfüllen:

- **Das 57. Lebensjahr ist noch nicht vollendet**
  - **Vorversicherungszeit.** Sie waren in den letzten 60 Kalendermonaten vor Beginn der beantragten Ausnahme nicht mehr als zwölf Monate nach dem GSVG oder dem FSVG pflichtversichert.
  - **Einkunfts- und Umsatzgrenze.** Ihre jährlichen Einkünfte aus der selbstständigen Tätigkeit werden im Jahr 2020 EUR 5.527,92 nicht übersteigen. Außerdem werden Ihre Umsätze aus sämtlichen unternehmerischen Tätigkeiten nicht über 35.000 € liegen.

Prüfen Sie, ob Sie gerade in den ersten Jahren auch der gewerblichen Sozialversicherung unterliegen

- **Das 57. Lebensjahr, nicht jedoch das 60. ist vollendet**
  - **Einkunfts- und Umsatzgrenze.** Ihre jährlichen Einkünfte und Umsätze haben innerhalb der letzten fünf Kalenderjahre vor der Antragstellung die bereits erwähnten Einkunfts- und Umsatzkriterien erfüllt und liegen auch jetzt unter dem jeweiligen Grenzwert.

- **Das 60. Lebensjahr ist vollendet**
  - **Einkunfts- und Umsatzgrenze.** Ihre jährlichen Einkünfte aus der selbstständigen Tätigkeit werden im Jahr 2020 EUR 5.527,92 nicht übersteigen. Außerdem werden Ihre Umsätze aus sämtlichen unternehmerischen Tätigkeiten im laufenden Jahr nicht über 35.000 € liegen.

Tipp

Der Antrag kann im laufenden Kalenderjahr jederzeit erfolgen. Den Antrag finden Sie unter https://www.sozialversicherung.gv.at/formgen/?portal=svsportal&LO=4&contentid=10007.854354. Im Nachhinein ist ein Antrag nur dann möglich, wenn Sie noch keine Leistungen der Kranken- bzw. Pensionsversicherung erhalten haben.

Achtung!

Die SVS (früher SVA) überprüft im Nachhinein anhand des Umsatz- und Einkommensteuerbescheides, ob Sie die Voraussetzungen für die Ausnahme erfüllt haben. Stellt sich dabei heraus, dass das nicht der Fall war, fällt die Ausnahme rückwirkend weg und Sie müssen die Sozialversicherungsbeiträge nachträglich bezahlen. Haben Sie dies nicht binnen acht Wochen nach Vorliegen des Einkommenssteuerbescheides von sich aus gemeldet, so müssen Sie zusätzlich einen Beitragszuschlag von 9,3 Prozent bezahlen.

Geld- oder sachleistungsberechtigt: Was ist besser?

Sachleistungsberechtigte erhalten die meisten Leistungen als Sachleistung. Das heißt, die SVS (früher SVA) stellt Ihnen die Leistung in eigenen Einrichtungen oder über Vertragspartner zur Verfügung. Sie haben keine unmittelbaren Auslagen zu tätigen. Sie erhalten ärztliche Hilfe, inklusive Zahnarzt, den Spitalsaufenthalt und Medikamente bei Vertragspartnern als Sachleistung. Geht ein Sachleistungsberechtigter jedoch statt zu einem Vertragsarzt zu einem Wahlarzt, so muss er das Honorar selbst bezahlen. Er erhält dann im Nachhinein als Kostenersatz maximal den Tarif für einen Vertragsarzt erstattet.

Geldleistungsberechtigte erhalten höhere Leistungen

Geldleistungsberechtigte erhalten ärztliche Hilfe – inklusive Zahnarzt – als Geldleistung. Das bedeutet, dass Sie den Arztbesuch selbst bezahlen müssen und erst im Nachhinein von der SVS einen Kostenersatz erhalten. Der Kostenersatz entspricht dem Vergütungstarif laut Satzung und ist generell höher als der Vertragstarif. Bei Spitalsaufenthalten und Medikamenten können Geldleistungsberechtigte wählen, ob sie diese Leistungen als Sach- oder als Geldleistung beziehen wollen.

Folgende Personen sind sachleistungsberechtigt:

- Versicherte in den ersten drei Jahren ihrer Berufsausübung
- Versicherte, deren Einkünfte aus der pflichtversicherten Erwerbstätigkeit im drittvorangegangenen Kalenderjahr die Sachleistungsgrenze von EUR 75.179,99 (Stand 2020) nicht übersteigen.
- Gewerbepensionisten
- Versicherte und Pensionisten mit mehrfachem Versicherungsschutz [z.B. wenn Sie sowohl bei der SVS als auch bei der Österreichischen Gesundheitskasse (vor 2020 die jeweilige Gebietskrankenkasse) versichert sind]

Folgende Personen sind geldleistungsberechtigt:

- Versicherte nach dem Gewerblichen Sozialversicherungsgesetz (GSVG), deren Einkünfte aus der pflichtversicherten Tätigkeit im drittvorangegangenen Kalenderjahr die Sachleistungsgrenze von EUR 75.179,99 (Stand 2020) übersteigen.
- Gewerbepensionisten, die eine versicherungspflichtige Erwerbstätigkeit nach dem Gewerblichen Sozialversicherungsgesetz ausüben, wenn die Summe aus Erwerbseinkünften und Pension die Sachleistungsgrenze übersteigt.
- Versicherte und Pensionisten, die durch Aufzahlung zum „voll Geldleistungsberechtigten" werden.

Geldleistungsberechtigte können per Antrag ohne Zusatzkosten zum halb Geldleistungsberechtigten werden. Sie erhalten dann bei einem Spitalsaufenthalt eine Vergütung für die Sonderklasse, während Sie ansonsten die Leistungen als Sachleistungsberechtigter beziehen.

Tipp

Es gibt folgende Möglichkeiten seinen Status zu ändern:
Sachleistungsberechtigte können per Antrag und gegen Aufzahlung ein Halb- oder ein Voll- Geldleistungsberechtigter werden.

- Eine halbe Geldleistungsberechtigung kostet zusätzlich EUR 88,52 (Stand 2020) pro Monat. In diesem Fall können Sie dann beim Spitalsaufenthalt eine Vergütung für die Sonderklasse erhalten, während Sie ansonsten ein Sachleistungsberechtigter bleiben.
- Eine volle Geldleistungsberechtigung kostet zusätzlich EUR 110,63 (Stand 2020) pro Monat. Sie erhalten dann alle Leistungen wie ein Geldleistungsberechtigter.

Bei Aufzahlungen gibt es mehr Leistungen

Was sind „Neue Selbstständige" in der Sozialversicherung?

Den Begriff „Neue Selbstständige" gibt es ausschließlich im Sozialversicherungsrecht. Neue Selbstständige sind dabei Personen, die aufgrund einer betrieblichen Tätigkeit steuerrechtlich Einkünfte aus selbstständiger Arbeit erzielen (► Seite 23).

Es werden jene Personen in die Pflichtversicherung einbezogen, die nicht bereits nach anderen Bestimmungen (z.B. als Dienstnehmer, freier Dienstnehmer oder Gewerbetreibender) vom Anwendungsbereich eines Sozialversicherungsgesetzes erfasst sind. Die Pflichtversicherung des Neuen Selbstständigen umfasst alle Bereiche der Sozialversicherung, d.h. die Pensions-, Kranken- und Unfallversicherung sowie die Selbstständigenvorsorge.

Die Pflichtmitgliedschaft beginnt mit dem ersten Tag der selbstständigen Tätigkeit und endet mit dem Monatsende der Beendigung der Tätigkeit. Der Beginn der Tätigkeit muss innerhalb von einem Monat bei der SVS angemeldet werden (https://www.sozialversicherung.gv.at/cdscontent/?contentid=10007.816352).

Neue Selbstständige werden nur dann in die Pflichtversicherung einbezogen, wenn deren Einkünfte aus allen der Pflichtversicherung nach dem GSVG unterliegenden Tätigkeiten die Versicherungsgrenze von € 5.527,92 jährlich (2020) überschreiten. Daneben ist es aber auch möglich, quasi freiwillig zur Pflichtmitgliedschaft zu optieren. Hierzu ist eine „Überschreitungserklärung" bei der Sozialversicherung abzugeben. Eine Einbeziehung ist auch nur für die Krankenversicherung (inkl. Selbstständigenvorsorge) möglich.

Tipp

Bei der nicht fristgerechten Anmeldung drohen folgende negative Folgen:

- Sofern ein späterer Beginn der Tätigkeit nicht nachgewiesen werden kann, wird der Jahresbeginn unterstellt. Der Beitrag ist dann für einen längeren Zeitraum zu bezahlen.
- Wird von der SVS die Pflichtmitgliedschaft erst nach dem Einkommenssteuerbescheid festgestellt, so wird ein Strafzuschlag von 9,3 Prozent erhoben. Dieser kann nur vermieden werden, wenn man innerhalb von 8 Wochen ab Ausstellung des Einkommensbescheides die Pflichtmitgliedschaft selbst meldet.

Welche Kosten fallen wann an?

Mit folgenden Beiträgen zur Sozialversicherung müssen Sie rechnen:

Versicherungsart	Kosten
Unfallversicherung	10,09 Euro je Monat
Krankenversicherung	6,80 % (bis 2019: 7,65 %)
Pensionsversicherung	18,50 %
Selbstständigenvorsorge	1,53 %
Summe	rd. 26,83 % (bis 2019: rd. 27,68 %)

Die Prozentsätze beziehen sich auf die Beitragsgrundlage. Dies sind die im Einkommenssteuerbescheid ausgewiesenen Einkünfte aus Gewerbebetrieb bzw. selbstständiger Arbeit. Allerdings wird diese Summe noch zusätzlich um die im Kalenderjahr vorgeschriebenen Beiträge zur Kranken-, Pensions- und zur freiwilligen Arbeitslosenversicherung erhöht.

Tipp

Sie können beantragen, auch in die Arbeitslosenversicherung einbezogen zu werden. Allerdings sind Sie ja bereits in Ihrem Hauptberuf gegen Arbeitslosigkeit versichert. Im Regelfall wird es daher bei nebenbei Selbstständigen keine Notwendigkeit für die freiwillige Arbeitslosenversicherung geben.

Die Sozialversicherung erstellt eine Voraus- und eine Nachberechnung

Die Sozialversicherung erstellt eine Vorausberechnung, die auf dem Einkommenssteuerbescheid des drittvorangegangenen Kalenderjahres beruht. Die Vorschreibung erfolgt in vier Quartalszahlungen zum Monatsbeginn der Monate März, Juni, September und Dezember. Hatten Sie in dem drittvorangegangenen Jahr noch keine diesbezüglichen Einkünfte, so rechnet die Sozialversicherung mit der Mindest-Versicherungsgrenze von 5.527,92 Euro jährlich (Stand 2020). Dies sind 1.381,98 Euro je Quartal, von denen 26,83 Prozent plus 30,27 Euro (10,09 Euro Unfallversicherung für drei Monate) fällig werden. Dies sind in Summe 401,06 Euro je Quartal für das Jahr 2020.

Sobald der Einkommenssteuerbescheid mit den realen Einkünften aus Gewerbebetrieb bzw. selbstständiger Arbeit vorliegt, erfolgt dann durch die Sozialversicherung eine Nachberechnung der Beiträge. Dabei kann es zu einer Nachbelastung (die Einkünfte waren höher als die vorläufige Beitragsgrundlage) oder einer Gutschrift (die Einkünfte waren geringer als die vorläufige Beitragsgrundlage) kommen.

Vorsicht Falle: Wann ist eine Nachbelastung erwartbar?

Im vorherigen Punkt „Welche Kosten fallen wann an?" klang es bereits an: In den ersten drei Jahren der Selbstständigkeit erfolgt die Berechnung der Sozialversicherungsbeiträge auf Basis der Mindest-Versicherungsgrenze, im Jahr 2020 sind dies 5.527,92 Euro. Und nach den drei

Jahren und mit dem Einkommenssteuerbescheid für dieses Kalenderjahr rechnet die Sozialversicherung neu – insbesondere in den Anfangsjahren kommt es oft zu (hohen) Nachforderungen.

Haben Sie in den Anfangsjahren höhere Gewinne aus Gewerbebetrieb oder selbstständiger Arbeit als die Mindest-Versicherungsgrenze? Dann gratulieren wir natürlich zuerst einmal! Für die – jetzt hoffentlich nicht mehr – unerwartete Nachbelastung sollten Sie jedoch vorsorgen.

Spätestens mit Abgabe Ihrer Einkommenssteuererklärung steht (weitgehend) fest, wie hoch Ihre Einkünfte aus Gewerbebetrieb und selbstständiger Arbeit waren. Und diese Summe müssen Sie vergleichen mit der vorläufigen Beitragsgrundlage. Ist die vorläufige Beitragsgrundlage niedriger, so müssen Sie mit einer Nachbelastung von 25,30 Prozent der Differenz rechnen. „Nur" 25,30 Prozent, da die Nachberechnung nicht die Selbstständigenvorsorge umfasst. Das bedeutet, dass Sie für die zu erwartende Nachbelastung Liquidität benötigen.

Tipp

Für Gewerbetreibende, d.h. pflichtversicherte Mitglieder der Wirtschaftskammer, – nicht jedoch für neue Selbstständige – werden die Krankenversicherungsbeiträge in den ersten beiden Geschäftsjahren nicht neu gerechnet, d.h. es kommt nur zu einer geringeren Nachbelastung.

Eine gute Planung und Buchhaltung schützt vor höheren Kosten und Überraschungen

Zeit und damit auch Ansparmöglichkeiten für die erwartete Nachzahlung gewinnen Sie, wenn Sie unseren Ratschlägen zur Unternehmensplanung und Buchhaltung (► Seiten 69, 93) folgen. So wissen Sie schon früher, dass es zu einer Nachzahlung kommen wird und auch deren ungefähre Höhe.

Tipp

Das Thema Nachbelastung ist gerade für die Anfangsjahre der Selbstständigkeit typisch, kommt jedoch auch in den Folgejahren bei stark ansteigenden Erträgen zwischen dem drittvorangegangenen Jahr (vorläufige Beitragsbemessungsgrundlage) und dem letzten Jahr vor. Prüfen Sie daher regelmaßig, ob Sie nach dem nächsten Einkommenssteuerbescheid mit einer Nachzahlung an die Sozialversicherung rechnen müssen. Und nicht vergessen: Neben der Nachzahlung kommt zeitgleich auch eine Erhöhung der Vorauszahlungen auf Sie zu.

Wie lassen sich die SVS-Vorauszahlungen anpassen?

Die Vorauszahlungen zur gewerblichen Sozialversicherung orientieren sich am drittvorangegangenen Jahr bzw. in den ersten Jahren der Selbstständigkeit an der Mindest-Beitragsbemessungsgrundlage. Aber Einkünfte aus gewerblicher oder selbstständiger Tätigkeit können (stark) schwanken. D.h. in einem Jahr ist die Vorauszahlung zu niedrig und es kommt zu Nachzahlungen, in anderen Jahren hingegen zu hoch und es kommt zu Erstattungen.

Die SVS bietet Ihnen die Möglichkeit, die vorläufige Beitragsbemessungsgrundlage an Ihre aktuelle Einkommensentwicklung (nur die Einkünfte aus Gewerbebetrieb und aus selbstständiger Tätigkeit, jedoch plus die vorgeschriebenen Sozialversicherungsbeiträge) anzupassen. Den Antrag hierzu finden Sie unter https://www.sozialversicherung.gv.at/cdscontent/?contentid=10007.816711&viewmode=content

Tipp

Im Falle von erwartbaren Rückzahlungen (Einkünfte des aktuellen Jahres sind geringer als im drittvorangegangenen Jahr) führt der Antrag zu einer Herabsetzung der Vorauszahlungen. Dies verschafft Ihnen zusätzliche Liquidität, die Sie zum Ausgleich eines negativen Kontosaldos (Ersparnis von Sollzinsen) oder zur Ausweitung Ihres Geschäfts nutzen können. Im Falle von erwartbaren Nachzahlungen ist der Antrag nur bedingt zu empfehlen, da Sie hier über erhöhte Vorschreibungen früher Liquidität verlieren. Zum Zeitpunkt der Nachzahlung müssen Sie die Liquidität dann aber in jedem Fall haben. Ein Antrag auf Erhöhung ist zumindest dann empfehlenswert, wenn Sie sich mit der Liquiditätsplanung schwerer tun.

Beiträge zur Selbstständigenvorsorge werden ebenfalls auf Basis des drittvorangegangenen Jahres bzw. der Mindest-Beitragsbemessungsgrundlage vorgeschrieben. Diese lassen sich jedoch nicht mehr anpassen, da dieses Geld nicht von der SVS sondern von einer selbstständigen Selbstständigenvorsorgekasse (▶ Seite 110) verwaltet wird.

Was tun bei Doppel- und Mehrfachversicherung?

Bezahlen Sie bei Doppel- oder Mehrfachversicherungen drauf?

Sie sind Angestellter, Beamter, Bauer oder Gewerbetreibender und planen ein zusätzliches Einkommen z.B. als Selbstständiger? Dann sind Sie mit Ihrer Kranken- und Pensionsversicherung für jedes Einkommen bei einem anderen Versicherungsträger versichert. Es kommt zu einer Doppel- oder sogar Mehrfachversicherung. Was aber wird getan oder können Sie tun, damit Sie nicht zu viele Sozialabgaben bezahlen?

Zuerst aber sei einmal gesagt, dass die Mehrfachversicherung vor allem eine höhere Beitragsgerechtigkeit bezweckt. Alle Erwerbs- und Pensionseinkünfte sollen auch in der Sozialversicherung bis zur Höchstbeitragsgrundlage beitragspflichtig sein.

Mehrfach Krankenversicherung bezahlt?

Grundsätzlich müssen für jede an der Mehrfachversicherung beteiligte Krankenversicherung Beiträge abgeführt werden. Allerdings gibt es zwei Grenzwerte: die Mindest- und die Höchstbeitragsgrundlage, die beachtet werden müssen.

Bei der Mindestbeitragsgrundlage kommt es üblicherweise auch bei einem Verlust bzw. zu geringem Gewinn zu einem Mindestbeitrag zur Krankenversicherung. Bei einer Mehrfachversicherung mit Beteiligung der Gewerblichen Sozialversicherung wird jedoch auf die Mindestversicherung im gewerblichen Bereich verzichtet, sofern dort nur ein geringer Gewinn oder ein Verlust angefallen ist.

Die Beitragszahlung pro Kalenderjahr ist insgesamt mit der Höchstbeitragsgrundlage – über alle Sozialversicherungsträger hinweg - begrenzt. Die individuelle Höchstgrenze wird errechnet, indem die monatliche Höchstbeitragsgrundlage (2020: 6.265 Euro) mit der Gesamtanzahl der Beitragsmonate der Pflichtversicherung im jeweiligen Jahr multipliziert wird. Wird diese „Jahreshöchstbeitragsgrundlage" in Summe überschritten, erhalten Sie zu viel bezahlte Beiträge in jedem Fall zurück.

Technisch geschieht diese Rückzahlung in zwei Schritten: In einer Vorprüfung wird berechnet, ob die Höchstbeitragsgrundlage (voraussichtlich) überschritten wird. Die SVS veranlasst hier automatisch eine „Differenzbeitragsvorschreibung". Dabei werden die Beitragsgrundlagen für Angestellte, Beamte und Bauern als Basis verwendet und die gewerbliche Beitragsgrundlage vorläufig in einer Höhe festgesetzt, die voraussichtlich das Überschreiten der Höchstbeitragsgrundlage ausschließt. Es kommt also von vornherein zu einer (teilweisen) Befreiung von der Beitragspflicht zur gewerblichen Krankenversicherung. Wird in der vorrangigen Krankenversicherung schon der Höchstbeitrag entrichtet, so entfällt jede weitere Beitragsvorschreibung. Die Differenzbeitragsvorschreibung wird zusätzlich im Nachhinein durchgeführt, sobald alle Versicherungszeiten und Beitragsgrundlagen feststehen. Hier kann es dann zu Nachzahlungen oder Erstattungen kommen.

Mehrfach Pensionsversicherung bezahlt?

Prinzipiell gibt es bei der Pensionsversicherung die gleichen Verfahren und auch die Einhaltung der Höchstbeitragsgrundlage wie bei der Krankenversicherung (► Seite 106).

Oft wird aber auch gefragt, ob bei einer Mehrfachversicherung mehr Beitragsmonate anfallen. Beispiel: Bei selbstständiger und unselbstständiger Tätigkeit im April 2020 fällt jeweils ein Beitragsmonat an. Für die Pensionsberechnung (z.B. Anzahl Mindestversicherungszeit erreicht) zählt jeder Kalendermonat jedoch nur einfach.

Tipp

Bei der Krankenversicherung hat die Höhe der Beitragszahlung keinen Einfluss auf die Leistung der Krankenversicherung. Bei der Pensionsversicherung jedoch schon! Durch zusätzliches Einkommen auch aus anderen Quellen bis zur Höchstbeitragsgrundlage steigt der Pensionsbeitrag und in Folge dessen auch die Pension.

Wie melde ich mich an und ab?

Wenn Sie eine Gewerbeberechtigung anmelden, erfolgt die Anmeldung bei der Sozialversicherung der Selbstständigen (SVS) automatisch, d.h. hier müssen Sie selbst nicht tätig werden. Wenn Sie die Gewerbeberechtigung ruhend melden oder zurücklegen, endet die Pflichtversicherung mit dem letzten Tag des Monats, in dem Sie Ihre Berechtigung abgemeldet haben. Die An- und Abmeldung wird von der Gewerbebehörde durchgeführt.

Bei Gewerbetreibenden geht es automatisch

Anders sieht es aus, wenn Sie kein Gewerbe anmelden und damit auch keinen Gewerbeschein haben (► Seite 23).

Mit der Online Versicherungsanmeldung können Sie bequem die benötigte Versicherungserklärung und die Einverständniserklärung ausfüllen und übermitteln. Die SVS überprüft dabei auch an Hand Ihrer Daten, ob eine Ausnahme von der Gewerblichen Sozialversicherung vorliegt (https://www.svs.at/cdscontent/?contentid=10007.854303&viewmode=content).

Darüber hinaus können Sie noch weitere Optionen, Anpassungen und Leistungen beantragen:

- Ausnahme für Gewerbetreibende als Kleinunternehmer
- Opt-In für Neue Selbstständige unterhalb der Versicherungsgrenze
- Mitversicherung von Angehörigen und Familienmitgliedern
- Option in der Krankenversicherung (siehe auch ► Seite 102)

- Anpassung der vorläufigen Beitragsbemessungsgrundlage
- Zusatzversicherung für Arbeitsunfähigkeit durch Krankheit
- Höherversicherung in der Unfallversicherung
- Arbeitslosenversicherung für Selbstständige
- Wahl der Selbstständigenvorsorgekasse
- Wahl der monatlichen statt quartalsmäßigen Zahlung bei Einziehungsauftrag

Dies machen Sie auf der Seite der SVS unter https://www.svs.at/cdscontent/?contentid=10007.843257

Tipp

Wird die „neue Selbstständigkeit" vorübergehend oder dauerhaft nicht ausgeübt (z.B. aufgrund von hoher Arbeitsbelastung im Hauptberuf), so kann man sich von der Sozialversicherung der Selbstständigen auch befreien lassen. Voraussetzung sind ein Jahreseinkommen aus selbstständiger Tätigkeit unterhalb der Versicherungsgrenze und ein schriftlicher Antrag. Pflichtversicherung und Beitragspflicht enden dann mit dem Monatsende, in welchem die Mitteilung erfolgte. Eine rückwirkende Beendigung ist jedoch nicht möglich. Gewerbetreibende können ihr Gewerbe durch eine Ruhendmeldung sogar rückwirkend ruhend stellen und sich so die Sozialversicherungsbeiträge sparen. Erforderlich dafür ist die Anzeige bei der zuständigen Interessensvertretung.

Krank sein als Angestellter oder Selbstständiger?

Halten Sie dies für eine akademische Frage, da sich ja an Ihrem Gesundheitszustand dadurch nichts ändert? Nun, an Ihrem Gesundheitszustand nicht, möglicherweise aber an den von der Krankenkasse getragenen Behandlungsmethoden und -kosten.

Ihre Wahl entscheidet über Leistungen und Kosten

Da Sie „nebenbei selbstständig" sind, erzielen Sie Einkünfte aus unselbstständiger und aus selbstständiger/gewerblicher Tätigkeit. Und bezahlen für Ihre Einkünfte Krankenkassenbeiträge an die Sozialversicherung. Diese aber ist unterschiedlich! Als Arbeitnehmer sind Sie möglicherweise bei der Österreichischen Gesundheitskasse [bis 2019 Gebietskrankenkasse (GKK)] versichert, als Gewerbetreibender oder Selbstständiger bei der Sozialversicherungsanstalt für Selbstständige (SVS). Und diese unterscheiden sich bzgl. der zu übernehmenden Behandlungen. Aber auch bei der Zuzahlung: Hier tragen Sie als Kranker bei der SVS zum Teil 20 Prozent der Behandlungskosten, im Rahmen des SVS-Gesundheitsprogramms immerhin noch 10 Prozent, für Mitglieder der Wirtschaftskammer 0 Prozent.

Tipp

Bei umfangreicheren Behandlungen mit hohen Kosten sollten Sie vorab prüfen, welche Ihrer Krankenversicherungen für diese Behandlung günstiger ist. Dies betrifft einerseits die Kostenübernahme für die Behandlung, jedoch auch eine eventuelle Zuzahlung. Beachten Sie: Die Krankenversicherung, welche bei Beginn der Krankheit (z.B. beim Arzt für Allgemeinmedizin) leistungszuständig ist, bleibt dies für die gesamte Behandlungsdauer. Sie muss auch für eventuell weitere Behandlungskosten (Facharzt, Spital, Heilmittel usw.) aufkommen. Ein Wechsel der Krankenversicherung ist erst wieder bei der nächsten Krankheit zulässig.

Bei Spitalskosten in einem Krankenhaus mit SVS-Vertrag übernimmt die SVS alle Kosten der allgemeinen Gebührenklasse, ein Selbstbehalt wird nicht verrechnet. Lediglich ein Spitalskostenbeitrag wird in Rechnung gestellt. Dieser beträgt je Bundesland rd. 10 bis 20 Euro je Tag. Dieser entfällt, wenn Sie auch von der Rezeptgebühr befreit sind, eine Mindestpension beziehen oder noch minderjährig sind. Für Nachbehandlungen bzw. Kontrolltermine ist ein Pauschalsatz von rd. 25 Euro im Spital zu zahlen. Beim Arzt außerhalb des Spitals greift hingegen der Selbstbehalt von 0, 10 bzw. 20 Prozent der Behandlungskosten.

Wann springt die Betriebshilfe bei Krankheit ein?

Auch nebenberuflich Selbstständige können durch Krankheit oder Baby-Pause für das Unternehmen ausfallen. Aber was geschieht dann mit dem Unternehmen?

In Fällen von schwerer Krankheit, Rehabilitation, Operation, Unfall oder Babypause hilft seit 25 Jahren die Betriebshilfe. Diese wird von der Wirtschaftskammer angeboten, die Finanzierung erfolgt über die Sozialversicherung der Selbstständigen (SVS).

Bei der Babypause hilft die Betriebshilfe während des Mutterschutzes, d.h. acht Wochen vor und nach der Geburt. Hier gibt es keine Einkommensgrenze, auch kann statt der Betriebshilfe ein Wochengeld in Anspruch genommen werden. In allen anderen Fällen wird die Ersatzarbeitskraft für maximal 70 Einsatztage (plus fünf Tage für Einschulung) gestellt. Hier sind allerdings Einkommensgrenzen zu beachten: Bis zu einem Einkommen von aktuell 21.165,84 Euro (2020) ist der Einsatz kostenlos, danach greifen gestaffelte Sätze je Arbeitstag in Abhängigkeit vom Einkommen. Die Wirtschaftskammer Wien bietet zusätzlich bis zu 90 Einsatztage ohne Einkommensgrenze, wenn ein schwer behindertes Kind gepflegt werden muss.

Tipp

Voraussetzungen für die Beantragung der Betriebshilfe sind:

- Sie müssen bei der SVS krankenversichert sein
- Sie müssen mit dem Unternehmen Mitglied der Wirtschaftskammer sein
- Es muss eine medizinisch begründete Arbeitsunfähigkeit von mindestens 14 Tagen vorliegen
- Die Betriebshilfe muss zur Aufrechterhaltung des Betriebes erforderlich sein
- Eine bestimmte Einkommenshöhe darf nicht überschritten sein.

Die Betriebshelfer sind erfahren und kompetent

Bei den Betriebshelfern handelt es sich um erfahrene Fachkräfte, z.T. auch frühere Selbstständige, die die Anforderungen an den Betrieb aus der praktischen Arbeit kennen. Auch verfügen sie nach Angabe der Wirtschaftskammer über das erforderliche Einfühlungsvermögen, um dem ausgefallenen Unternehmer Sicherheit geben zu können.

Tipp

Statt der Betriebshilfe als Sachleistung (Betriebshelfer) kann auch eine Geldleistung gewählt werden. Hier stellen Sie die Ersatz-Person selbst ein und bezahlen diese. Die Geldleistung beträgt dann bis zu 7,79 Euro je Stunde, bis zu 70,11 Euro je Tag und ist mit maximal 80 Prozent Ihrer Kosten begrenzt. Ein Rechtsanspruch auf Betriebshilfe besteht jedoch nicht.

Selbstständigenvorsorge: verpflichtend oder freiwillig?

Aus Ihrer unselbstständigen Tätigkeit kennen Sie die „Abfertigung neu". Und dieser sehr ähnlich wurde ab 2008 die Selbstständigenvorsorge geschaffen.

Verpflichtend ist die Selbstständigenvorsorge, wenn Sie in der Krankenversicherung nach dem gewerblichen Sozialversicherungsgesetz (GSVG) pflichtversichert sind, für:

- Gewerbetreibende
- Gewerbegesellschafter
- Neue Selbstständige

Für diese Gruppen ist die Selbstständigenvorsorge nicht verpflichtend:

- Opting in-Krankenversicherte
- Freiberufler, die von der Krankenversicherung ausgenommen sind, da ihre Berufsgruppe für das Opting out votiert hat, aber nach §§ 14a, b GSVG dennoch krankenversichert sind.

Ein freiwilliger Beitritt zur Selbstständigenvorsorge ist möglich, wenn Sie als Freiberufler nach dem Freiberuflich-Selbstständigen-Sozialversicherungsgesetz (FSVG) oder nach dem GSVG pensionsversichert sind und

- von der GSVG-Krankenversicherung aufgrund des Opting out Ihrer Berufsgruppe ausgenommen sind (z.B. Ärzte, Zahnärzte, Apotheker, Wirtschaftstreuhänder, Tierärzte) oder
- aufgrund von Übergangsbestimmungen immer noch nach dem ASVG krankenversichert sind (z. B. Dentisten).

Tipp

Wenn Sie der Selbstständigenvorsorge freiwillig beitreten wollen, müssen Sie innerhalb von 12 Monaten ab Beginn Ihrer Pensionsversicherung einen Beitrittsvertrag mit einer Vorsorgekasse abschließen. Diese freiwillige Entscheidung können Sie später nicht mehr widerrufen.

Die Beitragshöhe richtet sich nach dem vorläufigen statt dem endgültigen Gewinn

Sowohl bei Pflicht- wie bei freiwilligem Beitritt zahlen Sie 1,53 % der (vorläufigen) Beitragsgrundlage für die Krankenversicherung. Da hier auf die vorläufige Beitragsgrundlage abgestellt wird, erhöht bzw. ermäßigt sich der Betrag später nicht, wenn Sie einen höheren und geringeren Gewinn erwirtschaften.

Leistungen aus der Vorsorgekasse erhalten Sie, wenn Sie Ihre selbstständige Tätigkeit beenden oder die Pension antreten. Die Höhe der Leistungen hängt von der Höhe Ihrer Beiträge und dem Veranlagungserfolg der Kasse ab

Die beste Selbstständigen-vorsorgekasse frei wählen?!

Sie müssen innerhalb von 6 Monaten ab Beginn der Beitragspflicht eine der 8 Vorsorgekassen auswählen und einen Beitrittsvertrag abschließen. Das gilt auch dann, wenn Sie aufgrund einer Mehrfachversicherung (aktuell) keine GSVG-Beiträge und daher auch keine Vorsorgebeiträge zahlen müssen. Entscheiden Sie sich nicht für eine Vorsorgekasse, werden Sie einer Kasse automatisch zu gewiesen. Sofern Sie jedoch Mitarbeiter haben, gilt deren Vorsorgekasse auch für Sie!

Welche Vorsorgekasse ist für Sie die beste?

Für das Jahr 2018 hat der Verein für Konsumenteninformation die Vorsorgekassen in Österreich getestet. Die Testkriterien und die Ergebnisse sehen Sie hier:

	Allianz	APK	BONUS	BUAK	fair-finance	NÖ Vorsorgekasse	Valida Plus AG	VBV
Performance und Volatilität 30% (30%)	25.21	26.29	25.05	27.02	27.34	26.61	28.80	24.67
Kosten 20% (20%)	15.88	17.38	15.31	19.03	18.03	18.31	16.64	15.96
Nachhaltigkeit 10% (10%)	7.50	7.50	10.00	7.50	10.00	10.00	10.00	10.00
Sicherheit / Garantie 30% (30%)	21.97	23.59	17.35	20.46	20.58	19.30	11.25	26.14
Information und Transparenz 10% (10%)	10.00	7.50	10.00	7.50	10.00	10.00	10.00	10.00
Testergebnis hohe Werte besser →	80.56	82.26	77.71	81.51	85.95	84.22	76.69	86.77

Vergleich betriebliche Vorsorgekassen 2018 (Quelle: http://bvk.konsument.at)

In der vergleichenden Reihung sieht dies dann wie folgt aus:

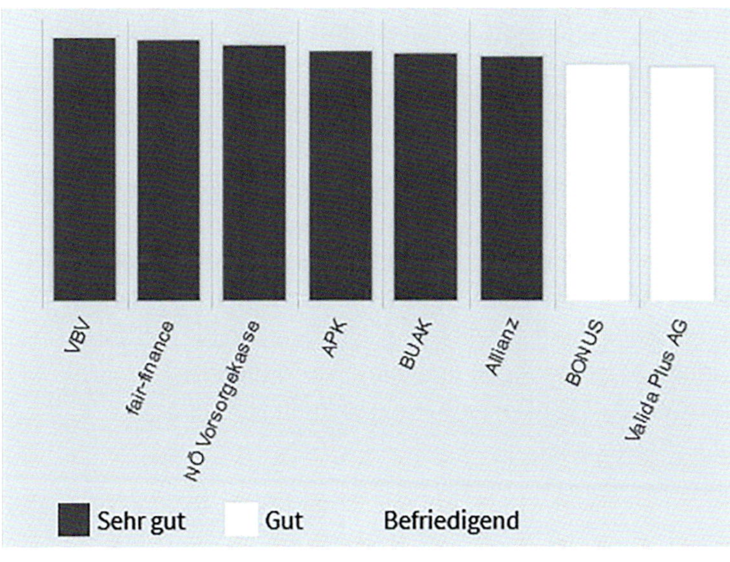

Vergleich betriebliche Vorsorgekassen 2018 (Quelle: http://bvk.konsument.at)

Tipp

Die Testergebnisse ändern sich natürlich, wenn Sie die Beurteilungskriterien mit einer anderen Gewichtung versehen. Ihr eigenes Testurteil gemäß Ihren Gewichtungen können Sie berechnen lassen unter http://bvk.konsument.at/

Was tun, wenn das Geld für die Sozialversicherung fehlt?

Viermal im Jahr müssen Sie eine Vorauszahlung auf die Sozialabgaben des laufenden Jahres leisten. Seit 2008 können Sie aber bei Vorliegen eines Einziehungsauftrages für eine monatliche Beitragszahlung votieren. Die Beträge werden Ihnen bereits frühzeitig mitgeteilt, lediglich von Nachzahlungen für frühere Jahre (► Seite 104) könnten Sie überrascht werden.

Und dennoch können Sie möglicherweise nicht pünktlich zahlen. Was sollten Sie dann tun bzw. was sollten Sie besser nicht tun?

Nicht empfehlenswert ist es in jedem Fall, den Kopf in den Sand zu stecken und abzuwarten. Die SVS ist gesetzlich zur Eintreibung der Sozialversicherungsbeiträge verpflichtet. Werden die Beiträge nicht innerhalb von 18 Tagen nach Fälligkeit überwiesen, kommen zuerst einmal Mahngebühren in Höhe von 3,38 Prozent ab dem 16. Tag nach Fälligkeit auf Sie zu. Daneben wird die SVS das gerichtliche Mahnverfahren betreiben. Dies bedeutet für Sie zusätzliche Gerichts- und Mahnkosten, später möglicherweise auch Eintreibungskosten. Sie haben im Wesentlichen vier sinnvolle Optionen:

- **Suchen Sie das Gespräch.** Der SVS-Mitarbeiter ist nicht Ihr Feind und kennt die möglichen Handlungsoptionen, die Ihnen möglicherweise helfen können. Suchen Sie daher von sich aus das Gespräch, erklären Sie Ihren momentanen Liquiditätsengpass und besprechen Sie mögliche Lösungen. Können Sie mit dem jeweiligen Mitarbeiter keine Einigung erzielen so gibt es als zusätzliche Gesprächsmöglichkeit den SVS-Ombudsmann, aktuell Herr Christian Göbl. Dieser ist als Ein-Personen-Stelle jedoch die letzte Lösungsmöglichkeit. Sie erreichen ihn unter Telefon-Nummer 050808-9008 und E-Mail ombudsstelle@svs.at. Bei einem Kontakt per E-Mail geben Sie bitte Ihre Sozialversicherungsnummer und Ihre Telefonnummer an.

Es gibt vier sinnvolle Optionen

- **Vorläufige Beitragsgrundlage herabsetzen.** Die Beitragszahlungen beruhen auf der vorläufigen Beitragsgrundlage. Insbesondere wenn Ihre Umsätze und Gewinne im Vergleich zur vorläufigen Beitragsgrundlage (Gewinn des drittvorangegangenen Jahres plus vorgeschriebene Sozialabgaben) stark gesunken sind, bietet sich die Anpassung der Bemessungsgrundlage an.
- **Stundung beantragen.** Bei einer Stundungsvereinbarung erhalten Sie bis zu drei Monate zusätzlich Zeit für die Bezahlung der fälligen Beiträge. Diesen Zeitraum sollte man, sofern man eine Stundung benötigt, jedoch nicht ausnutzen, da die Mahngebühren von 3,38 Prozent auch während des Stundungszeitraums zu bezahlen sind.
- **Ratenzahlung beantragen.** Bei einer Ratenzahlung werden die fälligen Beiträge in monatlichen Raten bezahlt. Die Höhe der monatlichen Zahlungen und die Anzahl der Raten werden dabei individuell zwischen Ihnen und dem SVS-Mitarbeiter besprochen. Auch während der Ratenzahlungsvereinbarung werden auf fällige Beiträge weiterhin Mahngebühren gerechnet.

Tipp

Die SVS kann in folgenden Fällen die Zinsen ganz oder teilweise nachsehen:

- wenn durch die Einhebung der Verzugszinsen in voller Höhe die wirtschaftlichen Verhältnisse des Versicherten gefährdet wären oder
- wenn es sich um einen kurzfristigen Zahlungsverzug handelt und der Versicherte seine Beiträge sonst regelmäßig rechtzeitig bezahlt.

Für eine Herabsetzung oder Nachsicht müssen Sie immer einen Antrag stellen. Die SVS prüft dann die Voraussetzungen. Ein Rechtsanspruch auf Nachsicht oder Ermäßigung besteht allerdings nicht. **Achtung.** Die SVS kann nur Verzugszinsen nachsehen oder ermäßigen. Ein auch nur teilweiser Verzicht der SVS auf die Beiträge selbst ist nicht möglich.

Ist Scheinselbstständigkeit eine Gefahr?

Das Finanzamt und die Gebietskrankenkasse prüfen, ob insbesondere Einzelunternehmen wirklich selbstständig tätig sind oder ob eine Scheinselbstständigkeit vorliegt. Dies hat im ersten Schritt für Sie keine Auswirkungen, wohl aber für Ihren Auftraggeber: Dieser muss dann für bis zu zehn Jahre die Sozialabgaben nachzahlen (obwohl dies ja bereits durch Sie geschehen ist), muss Sie evtl. fix einstellen und Ihnen Urlaubsansprüche geben. Im zweiten Schritt aber bedeutet dies, dass Sie von einem Auftraggeber/Kunden keine Aufträge bekommen werden, wenn die Gefahr der Scheinselbstständigkeit gegeben ist. Es ist daher auch in Ihrem Interesse, die Problematik der Scheinselbstständigkeit zu entschärfen.

Feststehende übergreifende Kriterien für das Vorliegen von Scheinselbstständigkeit gibt es nicht, wohl aber Indizien. Wir formulieren positiv: Welche Kriterien sprechen gegen das Vorliegen einer Scheinselbstständigkeit:

Welche Kriterien sprechen für eine echte Selbstständigkeit?

- Sie haben mehrere Kunden, es gibt kein wirtschaftliches Abhängigkeitsverhältnis (was auch wegen Ihres geringeren Risikos empfehlenswert ist) zu einem Kunden
- Sie sind in Ihrer Zeiteinteilung frei
- Sie sind nicht weisungsgebunden
- Sie haben eine Gewerbeausübungsberechtigung
- Sie überschreiten die Kleinunternehmergrenze beim Umsatz von 35.000 Euro
- Sie haben ein angemietetes Büro
- Sie führen Ihre Arbeiten aufgrund Ihres Fachwissens ohne Einarbeitung durch den Auftraggeber durch
- Sie treten am Markt professionell mit eigener Homepage, Briefpapier, … auf
- Sie haben keinen festen Arbeitsplatz beim Kunden
- Sie haben nicht die Sozialleistungen der Kunden-Mitarbeiter (Essensbons für Kantine, Eintritt Sportcenter, ...)
- Sie haben eigene Mitarbeiter
- Sie haben eine GmbH: Eine Kapitalgesellschaft ist kein Mitarbeiter, sodass keine Scheinselbstständigkeit vorliegen kann.

Tipp

Prüfen Sie für sich, warum bei Ihnen eine Scheinselbstständigkeit nicht vorliegen kann. Und entkräften Sie mit Ihren Punkten mögliche Befürchtungen des Auftraggebers.

Steuern: Der Fiskus nascht mit

Je mehr man verdient, desto mehr Steuern muss man bezahlen und desto stärker sind die Klagen. Aber was gilt es in steuerlicher Hinsicht zu berücksichtigen, mit welchen Pauschalen lassen sich die Gewinne steuerlich verringern, wo lauern Fallen, die es zu umgehen gilt? Wir haben einige typische und auch kritische Fragestellungen für Sie zusammengestellt.

UID (Umsatzsteuer-Identifikations-Nummer) beantragen?

Für Ihre selbstständige Tätigkeit bzw. Ihren Gewerbebetrieb benötigen Sie dann eine Umsatzsteuer-Identifikations-Nummer (UID), wenn Sie nicht (mehr) unter die Kleinunternehmerregelung (► Seite 86) fallen. Dies ist regelmäßig dann der Fall, wenn:

- Sie aufgrund Ihres Umsatzes zwar unter die Kleinunternehmerregelung fallen würden, jedoch einen Antrag auf Regelbesteuerung gestellt haben
- Sie einen Umsatz im Jahr von mehr als 35.000 Euro haben.

Nur auf Antrag (Formular U15 auf www.bmf.gv.at) beim zuständigen Finanzamt erhalten folgende Gruppen eine Umsatzsteuer-Identifikations-Nummer. Hierzu gehören Sie, wenn Sie innergemeinschaftliche Umsätze tätigen wollen und Sie:

- keine Vorsteuer abziehen dürfen, z.B. weil Sie unter die Kleinunternehmerregelung fallen
- versteuern Ihre Umsätze gemäß § 22 UStG (Durchschnittssatzbesteuerung im Rahmen eines land- und forstwirtschaftlichen Betriebes),
- vertreten eine juristische Person, die nicht Unternehmer ist. Dies ist z.B. ein Verein.

Zeigen Sie Flagge und veröffentlichen Ihre UID-Nummer

Mit der UID zeigen Sie Ihren Geschäftspartnern gegenüber auf, dass Sie Mehrwertsteuer verrechnen müssen und im Gegenzug beim Finanzamt Vorsteuer geltend machen. Von daher gehört die Angabe der UID-Nummer auf alle wichtigen Unterlagen:

- Briefpapier/Rechnungen
- Impressum der Homepage

Tipp

Bei einer Lieferung aus dem EU-Ausland zeigen Sie dem Lieferanten ebenfalls auf, dass Sie vorsteuerabzugsberechtigt sind. Der Lieferant kann dann auf die Verrechnung von Mehrwertsteuer verzichten („reverse charge") und Sie ersparen sich die mühevolle Rückholung der Vorsteuern vom ausländischen Finanzamt (► Seite 126).

Die UID-Nummer gilt für den Gebrauch in der Europäischen Union. Sie beginnt immer mit dem zweistelligen ISO-Ländercode (z.B. AT für Österreich, DE für Deutschland) und anschließend bis zu 12 alphanumerische Zeichen. In Österreich ist das dritte Zeichen ein „U", so dass die UID-Nummer in Österreich oft auch als „ATU"-Nummer bezeichnet wird. Anschließend folgen acht Ziffern.

Umsatzsteuererklärung leicht gemacht

Sofern Sie aufgrund Ihres Umsatzes (über 35.000 Euro im Jahr) oder dem Verzicht auf die Kleinunternehmerregelung umsatzsteuerpflichtig sind, müssen Sie einerseits Umsatzsteuervoranmeldungen abgeben und andererseits einmal jährlich eine Umsatzsteuererklärung beim Finanzamt einreichen. Dies ist einfacher als es zuerst einmal scheint!

Tipp

Beides können Sie über das Portal FinanzOnline (www.bmf.gv.at) erstellen und abgeben. Bitte beachten Sie, dass Sie grundsätzlich verpflichtet sind, die Umsatzsteuererklärung elektronisch über FinanzOnline einzureichen. Nur wenn die elektronische Übermittlung mangels technischer Voraussetzungen (z.B. fehlender Internet-Anschluss) unzumutbar ist, kann der amtliche Vordruck U 30 verwendet werden. Bewahren Sie eine Kopie der Umsatzsteuervoranmeldung (UVA) bzw. der elektronischen Erklärung auf.

Die Frequenz der Umsatzsteuervoranmeldungen ist von Ihrem Umsatz abhängig:

Höhe Umsatz	Frequenz Umsatzsteuervoranmeldung	Abgabe und Zahlung bis
≤ 100.000	quartalsweise	15. des übernächsten Monats
> 100.000	monatlich	15. des übernächsten Monats

Beispiel: Bei einem Umsatz von 50.000 Euro (≤ 100.000 Euro) ist die Voranmeldung für das zweite Quartal (1.4. – 30.6.) bis zum 15. August einzureichen und der Steuerbetrag zu bezahlen Sie benötigen dafür folgende Daten:

- Gesamtumsatz der Periode
- Gesamtumsatz je unterschiedlichem Steuersatz
- Vorsteuerbetrag

Die jährliche Umsatzsteuererklärung ist bis 30. April des Folgejahres bzw. bei elektronischer Übermittlung über FinanzOnline (www.bmf.gv.at) bis 30. Juni des Folgejahres einzureichen (§ 134 Abs 1 BAO). Im Einzelfall kann auf begründeten Antrag die Frist zur Abgabe der Steuererklärung verlängert werden (§ 134 Abs 2 BAO). Wenn Sie von einem steuerrechtlichen Vertreter vertreten werden, haben Sie für die Einreichung der Steuererklärung in der Regel längere Zeit.

Steuerliche Liebhaberei vermeiden

Steuerliche (!) Liebhaberei sollten Sie vermeiden

Das Grundprinzip des „steuerlichen Totalgewinns" stellt darauf ab, dass eine Investition über den (vom Finanzamt festgesetzten) Betrachtungszeitraum nicht nur Verluste produzieren darf, sondern letztendlich auch in die Gewinnzone kommen muss. Denn die (oft typischen) Verluste der Anfangszeit können ja mit anderen Einkünften saldiert werden und so die Steuerlast senken. Aber auf Dauer will das Finanzamt als Vertreter des Staates (und damit von uns allen) natürlich nicht die kostspieligen Hobbies von Privatpersonen (Pferdezucht, Oldtimersammlung etc.) auf Kosten der Gemeinschaft finanzieren. Von daher das Interesse des Finanzamts an einem steuerlichen Totalgewinn innerhalb einer definierten Frist. Stellt sich der nicht ein, dann unterstellt das Finanzamt „Liebhaberei", und alle bisherigen steuerlichen Vorteile werden aberkannt.

Die Anerkennung von Anfangsverlusten und die Gegenrechnung mit Gewinnen anderer Einkünfte ist übrigens kein Steuergeschenk! Im Normalfall handelt es sich nur um eine Steuerverschiebung in zukünftige Zeiten (sobald Gewinn gemacht wird). Erst wenn der Steuersatz künftig niedriger ist (z.B. in der Pension) oder die Einkunftsquelle verkauft wird, kann daraus eine Art Steuergeschenk werden.

Tipp

Die Planannahmen sollten immer realitätsnah, plausibel und nachvollziehbar sein. Das heißt z.B.

- Die Inflationsrate sollte bei indexierten Einkünften nicht ungewöhnlich hoch gewählt sein.
- Der Kreditzinssatz sollte bei üblicher Fremdfinanzierung marktgerecht sein. Bei einem vereinbarten Fixzinssatz können Sie diesen mit Angeboten Ihrer Hausbank vergleichen. Bei einem variablen Zinssatz, niedrigen Marktzinssätzen und kurzer Kreditlaufzeit drohen erhebliche Zinsrisiken und Kostensteigerungen.
- Der Kredit sollte jährlich mit zumindest einem Prozent nebst ersparter Zinsen getilgt werden, in Niedrigzinsphasen eher mit mehr. Geschieht dies nicht, so bleibt der Kreditsaldo hoch und beim Auslaufen der Fixzinsvereinbarung drohen Zins- und Kostensteigerungen. Tilgungsfreijahre zum Beginn der Kreditlaufzeit sind ein Zeichen dafür, dass der Kredit mit den geplanten Einkünften nicht zurückgezahlt werden kann.
- Die Einkünfte sollten nicht von einer 100%igen Kapazitätsauslastung ausgehen.

Wann sind Planannahmen realistisch?

Das Finanzamt erwartet jedenfalls regelmäßig eine Vorausplanung (Planrechnung) der Einnahmen und Ausgaben über den gesamten Betrachtungszeitraum. Diese Rechnung muss plausibel machen, dass innerhalb dieser Frist ein steuerlicher Gewinn zu erwarten ist, also ein Überhang der Einnahmen über die Ausgaben. Nach einigen Jahren erfolgt dann die Überprüfung der Realitätsnähe der Planannahmen – und danach hoffentlich die endgültige Anerkennung.

Kosten pauschal ansetzen

Sie sind in einer Branche tätig, wo Ihre Kosten relativ gering sind? Da stellt sich natürlich die Frage, ob Sie auch steuerlich nur geringe Kosten geltend machen können oder ob es (höhere) pauschale Abzugsbeträge gibt.

Für welche Branchen gibt es Branchenpauschalen?

Für einige Branchen gibt es die Möglichkeit Kosten steuerlich pauschal anzusetzen. Basis dafür sind recht komplexe Steuergesetze. Wir beschränken uns hier auf einen Überblick, für Details sollten Sie einen Steuerberater konsultieren.

Gastgewerbepauschalierung. Bei Umsätzen von weniger als 255.000 Euro im Kalenderjahr können drei Pauschalsätze in Anspruch genommen werden:

- Grundpauschale: 10 % des Umsatzes
- Mobilitätspauschale: 2 % des Umsatzes, max. höchstes Pendlerpauschale
- Energie- und Raumpauschale: 8 % des Umsatzes

Lebensmitteleinzel- oder Gemischtwarenhändlerpauschalierung. Es kann eine pauschale Gewinnermittlung verwendet werden Hiernach beträgt der steuerliche Gewinn 3.630 Euro plus zwei Prozent des Umsatzes (Betriebseinnahmen incl. Umsatzsteuer). Daneben gibt es eine Vorsteuerpauschalierung mit sieben Prozent der Umsätze mit Lebensmitteln (ohne Getränke), die dem ermäßigten Steuersatz von 10 Prozent unterliegen. Daneben darf für einige Waren die tatsächliche Vorsteuer geltend gemacht werden.

Drogistenpauschalierung.Die Drogistenpauschalierung orientiert sich an der Basispauschalierung:

- Ausgabenpauschale: 12 % des Umsatzes
- Vorsteuerpauschale: 1,8 % des Umsatzes.

Schade, dass man so viele Pauschalierungen nicht kumuliert nutzen kann!

Neben der Ausgabenpauschale in Höhe von maximal 26.400 Euro können einige (wenige) Ausgaben zusätzlich geltend gemacht werden.

Künstler-/Schriftstellerpauschalierung. Es können folgende Pauschalierungen in Anspruch genommen werden:

- Ausgabenpauschale: 12 % des Umsatzes, max. 8.720,74 Euro
- Vorsteuerpauschale: 1,8 % des Umsatzes, max. 1.046,49 Euro

Handelsvertreterpauschalierung. Es können folgende Pauschalierungen in Anspruch genommen werden:

- Ausgabenpauschale: 12 % des Umsatzes, max. 5.813,83 Euro
- Vorsteuerpauschale: 12 % der Ausgabenpauschale

Pferdepensionshaltungspauschalierung. Es kann nur eine Pauschalierung für Vorsteuern in Anspruch genommen werden: 24 Euro pro eingestelltem Pferd und Monat (aliquot).

Branche	BGBl.Nr.	Randzahlen (Rz) Einkommensteuer-richtlinien (EStR) Umsatzsteuer-richtlinien (UStR)	Pauschalierung von
Gaststätten- und Beherbergungsgewerbe	II 227/1999	4287 - 4309 EStR, 2266 - 2268 UStR	Gewinn und teilweise Vorsteuer
Gastgewerbe (ab 2013)	II 488/2012		Betriebsausgaben
Lebensmitteleinzel- oder Gemischtwarenhandel	II 228/1999	4310 - 4323 EStR, 2251 -2254, 2269 UStR	Gewinn und teilweise Vorsteuer
Drogistinnen/Drogisten	II 229/1999	4324 - 4330 EStR, 2251 -2254, 2270 UStR	Betriebsausgaben und Vorsteuer
Handelsvertreterinnen/ Handelsvertreter	II 95/2000	4355 - 4360 EStR, 2251 UStR	Betriebsausgaben und Vorsteuer
Künstlerinnen/Künstler & Schriftstellerinnen/ Schriftsteller	II 417/2000	4361 - 4378 EStR, 2251 - 2253, 2277 UStR	Betriebsausgaben und Vorsteuer
Pferdepensionshaltung	II 48/2014	2279 UStR	Pauschalierung von Vorsteuern

Gesetzliche Grundlagen der Pauschalen (Quelle: https://www.bmf.gv.at/steuern/selbststaendige-unternehmer/pauschalierung/p-spezielle-branchenpauschalierung.html)

Tipp

Vom Investitionsfreibetrag (► Seite 122) kann jeweils der Grundfreibetrag zusätzlich genutzt werden, dies bringt nochmals bis zu 3.900 Euro an Minderung der Steuerbemessungsgrundlage.

Sportlerpauschalierung. Die Sportlerpauschalierung ist nur auf die Einkünfte selbstständig tätiger Sportler anzuwenden und ist im sogenannten „Sportlererlass" (BGBl II Nr. 2000/48) geregelt. Voraussetzung ist eine unbeschränkte Steuerpflicht im Inland und eine überwiegend im Ausland durchgeführte Tätigkeit in Form von Wettkämpfen und Turnieren. Es werden pauschal nur 33 Prozent der Umsätze aus sportlicher Tätigkeit, Preisgeldern, Werbeeinkünften und Sponsoring der Versteuerung unterzogen. Dadurch sinkt die steuerliche Belastung auf ein Drittel.

Pauschalierung für nichtbuchführende Gewerbetreibende. Nichtbuchführende Kleinunternehmer von insgesamt 54 Gewerbezweigen können auf Grund einer Verordnung des Finanzministers aus dem Jahre 1989 gewisse Betriebsausgaben nach Durchschnittssätzen ermitteln. Der Prozentsatz liegt dabei zwischen 5,2 Prozent (Fleischer) und 20,7 Prozent (Münzreinigungsbetriebe). Eine vollständige Liste führt die Wirtschaftskammer unter https://www.wko.at/service/steuern/Pauschalierung-fuer-nichtbuchfuehrende-Gewerbetreibende.html

Was versteht man unter Basispauschalierung?

Die Basispauschalierung ist nicht auf einzelne Branchen beschränkt

Unter der Basispauschalierung versteht man eine prozentuale Pauschalierung einiger Betriebsausgaben für Gewerbetreibende und Freiberufler. Generell beträgt die Basispauschalierung 12 Prozent des Netto-Umsatzes, jedoch maximal 26.400 Euro im Jahr. Für folgende Einkünfte gelten jedoch ein niedrigerer Prozentsatz von nur 6 Prozent und ein Maximalbetrag von 13.200 Euro im Jahr:

- Einkünfte aus kaufmännischer oder technischer Beratung (Konsulent),
- Einkünfte aus vermögensverwaltender Tätigkeit,
- Gehälter und sonstige Vergütungen aus einer wesentlichen Beteiligung an einer Kapitalgesellschaft (z.B. Gesellschafter-Geschäftsführer über 25 Prozent Beteiligung) sowie
- Einkünfte aus schriftstellerischer, vortragender, wissenschaftlicher, unterrichtender oder erzieherischer Tätigkeit.

Geht die Tätigkeit jedoch über eine bloße Beratung hinaus, so beträgt das Pauschale dann doch wieder 12 Prozent. Das gilt z.B. für die Erstellung von Bauplänen, Durchführung statischer Berechnungen, Bauaufsicht, Stundenbuchhaltung und Auslagendekoration. Mit der Betriebsausgabenpauschale von 12 Prozent bzw. 6 Prozent werden insbesondere abgegolten: AfA (Absetzung für Abnutzung) von Investitionen, Ausgaben für Energiebezüge, Kfz, Miete, Reparaturen, Telefon, Zinsen, Werkzeuge, Verbrauchsmaterial, Sach- oder Berufsversicherungen, Werbung, Reisekosten usw. Steuerberatungskosten jedoch können Sie weiterhin als Sonderausgaben absetzen.

Gewerbetreibende und Freiberufler können die sogenannte Basispauschalierung sowohl für die Betriebsausgaben als auch – sofern zur Umsatzsteuer votiert wurde oder diese verpflichtend ist – für die Berechnung der Vorsteuer in Anspruch nehmen. Voraussetzung ist:

- Es darf keine Buchführungspflicht bestehen und auch nicht freiwillig eine doppelte Buchführung durchgeführt werden.

- Der Vorjahresumsatz darf maximal 220.000 Euro betragen.
- Aus der Steuererklärung muss hervorgehen, dass zur Basispauschalierung votiert wurde.

Neben der Betriebsausgabenpauschale können folgende Kosten zusätzlich abgesetzt werden:

Neben der Pauschale können zusätzlich weitere Kosten geltend gemacht werden

- Wareneingang laut Wareneingangsbuch
- Löhne, Gehälter und Lohnnebenkosten
- Fremdlöhne, soweit sie unmittelbar in Lieferungen oder Leistungen eingehen (z.B. Ausgaben auf Grund von Werkverträgen).
- Beiträge des Unternehmers zur Pflichtversicherung in der gesetzlichen Kranken-, Unfall- und Pensionsversicherung und ebenso Beiträge zur Arbeitslosenversicherung sowie Pflichtbeiträge zu betrieblichen Vorsorgekassen. Durchlaufende Posten wie Kostenersätze [z.B. für Reisekosten (z.B. Ersatz der Nächtigungskosten laut Rechnung) und Kfz-Nutzung (z.B. wenn die Verrechnung des Kilometergeldes zulässig ist)] sind dabei weder Einnahmen noch Ausgaben. Dem Kostenersatz müssen immer Betriebsausgaben in gleicher Höhe gegenüberstehen.
- Umsatzsteuer auf die pauschalierten Betriebsausgaben in Höhe des Vorsteuerpauschales (1,8 Prozent der Nettoumsätze, maximal 3.960 Euro), sofern es sich um unecht befreite Kleinunternehmer (z.B. Kleinunternehmer ohne Umsatzsteuerpflicht) handelt und das Bruttosystem gewählt wurde.

Tipp

Wenn die Basispauschalierung für Sie günstiger ist als eine Einzelabrechnung der Kosten, müssen Sie in der Anlage E1a [Beilage zur Einkommenssteuererklärung E1 für Einzelunternehmer (betriebliche Einkünfte) für das Jahr 202X] unter „2. Angaben zum Betrieb" ein „X" bei „Basispauschalierung gemäß § 17 Abs. 1" setzen.
Bei der Vorsteuer gibt es einige komplizierte Regelungen, sprechen Sie mit Ihrem Steuerberater. Jeder Selbstständige hat das Recht, von der Basispauschalierung wieder auf die Einnahmen-Ausgaben-Rechnung überzugehen. Dann ist jedoch eine erneute Pauschalierung frühestens nach Ablauf von fünf Wirtschaftsjahren zulässig.

Investitionsfreibetrag ohne Investitionen nutzen?

Generell beträgt der Spitzensteuersatz in Österreich 50 Prozent, befristet zwischen 2015 und 2020 55 Prozent. Allerdings profitieren Arbeitnehmer von der sogenannten Sechstel-Regelung, bei der das dreizehnte und vierzehnte Gehalt mit einem wesentlich geringeren Steuersatz versteuert wird. Um Selbstständige hier nicht zu grob zu benachteiligen, wurde im Jahr 2010 der sogenannte Gewinn- bzw. Investitionsfreibetrag für Selbstständige eingeführt. Gewinnfreibetrag meint die Reduktion des zu versteuernden Einkommens (aus gewerblichen und/oder selbstständigen Einkünften), wenn eine von der Finanz akzeptierte Investition getätigt wird. Der Gewinnfreibetrag ist mit Höhe der Anschaffungskosten der begünstigten Investition und mit maximal 13 Prozent des Gewinnes des Steuerpflichtigen begrenzt.

Der Gewinnfreibetrag beträgt seit 2013 für:

- Gewinne von 0 bis 175.000 Euro: 13 Prozent
- Gewinne von 175.001 bis 350.000 Euro: 7 Prozent
- Gewinne von 350.001 bis 580.000 Euro: 4,5 Prozent

Für Gewinne über 580.000 Euro steht kein Gewinnfreibetrag mehr zu. Der maximale Gewinnfreibetrag beträgt nach dieser Staffel ab 2013 somit 45.350 Euro.

Der Gewinnfreibetrag wird gewährt für bestimmte Investitionsgüter. Hinzu zählen jedoch nicht PKW, Gebäude, Kombinationskraftwagen, Luftfahrzeuge, geringwertige oder gebrauchte Wirtschaftsgüter, Wirtschaftsgüter, die innerhalb eines Konzerns vom Konzernunternehmen erworben wurden sowie Wirtschaftsgüter, für die ein Forschungsfreibetrag in Anspruch genommen wurde. Investitionsbedingte Freibeträge für körperliche Wirtschaftsgüter werden unter Kennzahl 9227 im Formular E1a erfasst.

Tipp

Für selbstständige Dienstleister ohne richtige sinnvolle Investitionsmöglichkeiten ist wichtig zu wissen:

- Für Gewinne bis 30.000 Euro steht der Grundfreibetrag in Höhe von 13 Prozent des Gewinnes (max. 3.900 Euro) zu. Eine Investition ist nicht erforderlich.
- Der Grundfreibetrag steht allen Selbstständigen zu, d.h. auch denjenigen mit Basispauschalierung. Eine darüber hinausgehende Investition ist bei Inanspruchnahme der Basispauschalierung jedoch nicht zulässig.

Ohne Kosten sinkt der Gewinn um bis zu 3.900 Euro. Das spart Steuern!

Eine Investition in bestimmte Wertpapiere ist zulässig, sofern es sich um Wertpapiere gemäß § 14 Abs. 7 Ziffer 4 EStG handelt, um diese zumindest vier Jahre lang zu halten. Dies sind im Wesentlichen:

- Staatsanleihen sowie Anleihen öffentlicher Körperschaften, Pfandbriefe, Bank- und Unternehmensanleihen, Gewinnschuldverschreibungen, Wandel- und Wohnbauanleihen;
- Bundesschatzscheine;
- Investmentfonds: Anleihen-, Mischfonds, Immobilienfonds (aber nicht Immobilien-Aktienfonds), Garantiefonds;
- Garantiezertifikate mit 100 Prozent Kapitalgarantie.

Üblicherweise weisen die Banken zum Jahresende bei den Produkten auf die Eignung für den Gewinnfreibetrag hin.

Gibt es Pauschalbeträge für Kleinunternehmer?

Ab dem Jahr 2020 gibt es für Kleinunternehmer (Umsatz bis 35.000 Euro) mit Einnahmen-Ausgaben-Rechnung einen neuen Pauschbetrag für die Ausgaben. Der Pauschbetrag gilt nur für Personen mit Einnahmen aus selbständiger Arbeit und/oder Gewerbebetrieb. Gesellschafter-Geschäftsführer, Aufsichtsratsmitglieder und Stiftungsvorstände haben keinen Anspruch. Und auch wichtig: Bei der Umsatzgrenze werden Umsätze aus Vermietung und Verpachtung nicht mitgezählt, dies ist eine Abweichung zur umsatzsteuerlichen Kleinunternehmergrenze (► Seite 86). Die Pauschalierung kann auch von Personen in Anspruch genommen werden, die auf die Umsatzsteuerbefreiung verzichtet haben. Hat jemand mehr als einen Betrieb mit Gesamtumsätzen unterhalb von 35.000 Euro, so kann für jeden einzelnen Betrieb entschieden werden, ob die Pauschalierung in Anspruch genommen wird. Innerhalb von fünf Geschäftsjahren darf die Umsatzgrenze von 35.000 Euro einmalig überschritten werden, muss jedoch unter 40.000 Euro bleiben. Der ertragssteuerliche Gewinn berechnet sich als Differenzbetrag zwischen den Betriebseinnahmen (Umsatz) und der Summe aus Pauschalbetrag, den Sozialversicherungsbeiträgen und dem Grundfreibetrag.

Die Höhe des Pauschalsatzes hängt von der Art des Unternehmens ab: Bei Handelsunternehmen und Produktionsbetrieben beträgt der pauschale Kostensatz 45 Prozent, bei Dienstleistungsunternehmen aufgrund der geringeren Kostenstruktur hingegen nur 20 Prozent. Bei Mischbetrieben richtet sich der Prozentsatz nach dem höheren Umsatzanteil.

Zusätzlich zur Pauschalierung können an Ausgaben die Sozialversicherungsbeiträge und der Grundfreibetrag (► Seite 123) abgezogen werden.

Tipp

Für viele Kleinunternehmen wird die Steuererklärung damit ganz einfach. Die neue Pauschalierung sollte in jedem Fall geprüft werden. Dafür ist es erforderlich zumindest einmalig sämtliche Kosten (inkl. Beiträgen zur Sozialversicherung) zu summieren. In Verlustjahren ist die Geltendmachung der echten Kosten in jedem Fall vorteilhafter. Bei einem Wechsel von der Pauschalierung zur echten Kostenverrechnung ist der Unternehmer hieran drei Jahre gebunden.

Was ist beim steuerlichen Arbeitszimmer zu beachten?

Stellt das Arbeitszimmer den Mittelpunkt der selbstständigen Arbeit dar?

Die schlechte Nachricht zuerst: Die Aufwendungen für ein in der Privatwohnung eingerichtetes Arbeitszimmer nebst Einrichtung sind grundsätzlich nicht abzugsfähig. Abzugsfähige Ausgaben liegen nur dann vor, wenn das Arbeitszimmer (nahezu) ausschließlich beruflich genutzt wird und den Mittelpunkt der gesamten betrieblichen und beruflichen Tätigkeit bildet. Das ist insbesondere bei Heimarbeitern, Heimbuchhaltern oder Teleworkern der Fall, nicht aber bei Lehrern, Richtern oder Politikern. Bei einer nebenberuflichen Selbstständigkeit kann die Voraussetzung jedoch erfüllt sein.

Die gute Nachricht: Aufwendungen für ein beruflich notwendiges, außerhalb des Wohnungsverbandes gelegenes Arbeitszimmer können als Werbungskosten abgesetzt werden. Als Werbungskosten für ein beruflich erforderliches Arbeitszimmer kommen dann in Betracht:

- Mietkosten bzw. Finanzierungskosten
- Betriebskosten (Beheizung, Beleuchtung, Versicherung etc.)
- AfA für Einrichtungsgegenstände (in der Regel 10 Prozent der Anschaffungskosten je Jahr)
- bei Eigenheimen oder Eigentumswohnungen auch eine AfA von den Herstellungskosten [Anschaffungskosten Wohnung abzüglich 40 Prozent Anteil Grund (bis 2015: 20 Prozent); davon dann 1,5 Prozent pro Jahr an Abschreibung]

Beruflich genutzte Gegenstände wie Schreibtisch, Bücherschrank etc. in der Wohnung und außerhalb eines steuerlich anerkannten Arbeitszimmers sind nicht steuerlich abzugsfähig. Anders jedoch bei einem Fax-Gerät oder der EDV-Ausstattung inklusive Computertisch und Drucker: Diese sind im Rahmen der beruflichen Nutzung steuerlich absetzbar.

Einen Musterbrief für die Kostenaufstellung bezüglich eines Arbeitszimmers finden Sie im Serviceteil (► Seite 141ff, Anlage G).

Tipp

Arbeitszimmer sind unabhängig von der Höhe der Einkünfte steuerlich abzugsfähig. Auch Lohnsteuerzahler mit selbstständigen Nebeneinkünften können daher das Arbeitszimmer für die Nebentätigkeit als Werbungskosten bei der Steuererklärung berücksichtigen.

Wie werden Bewirtungsspesen richtig gerechnet?

Die Bewirtung von Geschäftspartnern (Bewirtungsspesen) kann dann abgesetzt werden, wenn ein konkreter beruflicher Anlass wie eine Besprechung, das Anstreben eines Vertragsabschlusses etc. im Mittelpunkt steht. Der Gesetzgeber zielt hier auf den direkten Zusammenhang zwischen Ausgaben (Bewirtung) und Einnahmen (neuer Auftrag, Umsatz) ab. Kulinarische Treffen nur zum Zwecke der Kontaktpflege, der Repräsentation oder gar aus privaten Gründen werden von der Finanz nicht gefördert. Somit ist auch klar, dass Bewirtungen im privaten Haushalt nicht anerkannt werden. Aber auch ein Geschäftsessen nach einem Vertragsabschluss hat für das Finanzamt vorrangig Repräsentations- und keinen Werbecharakter. Mit der Konsequenz, dass sich das Finanzamt an der Esseneinladung nach der Vertrags-Unterschrift nicht mehr beteiligt.

Bei grundsätzlich anerkannten Einladungen beteiligt sich das Finanzamt nur zur Hälfte, die andere Hälfte ist nach Meinung der Finanz persönliche Repräsentationslust des Gastgebers und zählt damit zu den Privatausgaben. Erfolgt die Bewirtung im Rahmen einer Dienstreise, so müssen eventuell geltend gemachte Tagesgelder je Mahlzeit (für Mittag- und Abendessen) um je 13,20 Euro gekürzt werden. Bei Auslandsreisen erfolgt gemäß der Reisegebührenvorschrift der Bundesbediensteten bei einem Geschäftsessen pro Tag keine Kürzung, ab zwei Geschäftsessen pro Tag werden die Taggelder um zwei Drittel gekürzt.

Repräsentationslust des Gastgebers wird steuerlich nicht gefördert

Steht dem Gastgeber infolge kurzer Reisedauer insgesamt kein oder nur ein niedrigerer Betrag für den Verpflegungsmehraufwand zu (z.B. 5 Stunden zu je 2,20 Euro = 11 Euro bei Bewirtung von 50 Euro), so ist die Kürzung mit diesem Betrag begrenzt. Der Fiskus zeigt sich großzügig: Eine „Hinzurechnung" erfolgt nicht.

Und zur Reihenfolge: Zuerst erfolgt die Halbierung auf den steuerlich relevanten Betrag, dann der Abzug der Tagesdiäten.

Tipp

Belege sind generell 7 Jahre lang aufzuheben, d.h. in dieser Zeit können Rückfragen vom Finanzamt kommen. Nur weiß dann niemand mehr, warum man mit wem zum Essen war. Also immer direkt auf der Gasthausrechnung die Personen und den beruflichen Zusammenhang (Projektbesprechung, Vertragsabschluss etc.) genau vermerken.

Wie kann ich ausländische Vorsteuer zurückholen?

Sie sind in Österreich Unternehmer und sind vorsteuerabzugsberechtig. Allerdings kaufen Sie auch Waren im Ausland, speziell in einem Mitgliedsstaat von Europa. Und mussten dort auf Ihren Wareneinkauf Mehrwertsteuer bezahlen, z.B. weil Sie Ihre UID-Nummer (► Seite 91) nicht genannt haben oder der Lieferant sie nicht berücksichtigt hat. Österreichische Mehrwertsteuer bei einem Kauf im Inland erhalten Sie als Vorsteuern mittels Umsatzsteuererklärung zurück. Aber wie geht dies bei der Vorsteuer in einem anderen EU-Staat?

In diesem Fall erfolgt die Antragstellung über das österreichische Finanzamt beim Finanzamt des anderen EU-Mitgliedstaates. Die Antragstellung erfolgt elektronisch über das Portal „FinanzOnline" des Finanzministeriums (www.bmf.gv.at). Die Angaben im Erstattungsantrag und in der Rechnung sind EU-weit vereinheitlicht, um eine zeitnahe, effizientere Abwicklung zu ermöglichen (siehe dazu Art 8 und 9 der Richtlinie 2008/9/EG).

Die Übermittlung der jeweiligen Papierrechnungen/Einfuhrdokumente ist bedingt durch das elektronische Verfahren und die Standardisierung des Erstattungsantrages nicht mehr erforderlich. Ausnahme: Der Erstattungsmitgliedstaat kann bei Rechnungen über 1.000 Euro bzw. Kraftstoffrechnungen über 250 Euro die Vorlage einer Kopie verlangen.

Strenge Fristen, aber es geht um Ihr Geld!

Der Erstattungsantrag muss bis spätestens 30. September des Folgejahres gestellt werden. Er gilt nur dann, wenn alle erforderlichen Angaben gemacht werden. Der Antragsteller erhält in der Folge eine zweimalige elektronische Bestätigung, einmal bei Eingang des Antrages und ein weiteres Mal, wenn der Antrag beim Erstattungsstaat eingelangt ist, um das Datum für eine mögliche Verzinsung festlegen zu können.

Tipp

Diese Frist 30. September des Folgejahres kann nicht verlängert werden. Ein verspätetes Einreichen des Antrages führt zur Verweigerung der Vorsteuererstattung.

Generell gilt: Der Erstattungszeitraum darf maximal ein Kalenderjahr und muss mindestens drei aufeinander folgende Kalendermonate (z.B. Jänner bis März) umfassen. Als Erstattungszeiträume kommen nur volle Kalendermonate in Betracht. Eine tageweise Abgrenzung des Erstattungsverfahrens ist nicht vorgesehen. Achten Sie darauf, dass sich die Erstattungszeiträume nicht überschneiden.

Einfluss auf den möglichen Erstattungszeitraum hat aber auch der beantragte Betrag an Vorsteuern: Der zu erstattende Betrag muss mindestens 400 Euro betragen. Für die letzten Monate eines Kalenderjahres gilt: Der Zeitraum kann kürzer sein (z.B. November und Dezember oder nur Dezember). Für diese Erstattungszeiträume muss der zu erstattende Betrag mindestens 50 Euro betragen.

Welche Vorsteuern Sie auf diesem Weg erstattet bekommen, hängt vom jeweiligen EU-Mitgliedsstaat ab. Für Informationen zu den erstattungsfähigen/abzugsfähigen Vorsteuern wenden Sie sich an die Finanzverwaltung des jeweiligen EU-Mitgliedstaates.

Lassen sich Steuervorauszahlungen planen und anpassen?

Für Ihre Tätigkeiten aus unselbstständiger Tätigkeit zahlen Sie Lohnsteuer, welche direkt von Ihrem Dienstgeber einbehalten und abgeführt wird. Für Ihre selbstständigen Tätigkeiten hingegen berechnet Ihnen das Finanzamt eine Vorauszahlung, die im ersten Jahr aufgrund einer Schätzung und später auf Grundlage des letzten Einkommensteuerbescheides und Ihrem Gewinn aus Gewerbebetrieb bzw. selbstständiger Tätigkeit beruht. Das Finanzamt unterstellt dabei eine Gewinnsteigerung von vier Prozent. Die Vorauszahlung wird Ihnen je Quartal, d.h. in vier Teilbeträgen vorgeschrieben. Die Termine sind: 15.02., 15.05., 15.08. und 15.11. Einen Monat vorher erhalten Sie als Erinnerung eine Benachrichtigung über den zu zahlenden Teilbetrag.

Tipp

Vermerken Sie die Termine mit den vorgeschriebenen Beträgen in Ihrer Liquiditätsplanung, damit Sie nicht von „unerwarteten" Zahlungen überrascht werden. Das Finanzamt ist bei der Eintreibung von offenen Forderungen nicht sehr zurückhaltend.

Bei schlechtem Geschäftsgang können Sie sich Liquidität vom Finanzamt holen

Erwarten Sie jetzt ein schlechteres Jahresergebnis, so ist die Vorauszahlung eigentlich zu hoch. Sie verlieren Liquidität, die Sie möglicherweise für die Ausweitung des Geschäfts oder den Ausgleich des negativen Kontosaldos gut brauchen könnten.

Tipp

Bis einschließlich dem 30. September jeden Kalenderjahres können Sie beim Finanzamt formfrei um eine Senkung der Steuervorauszahlung ansuchen. Dieser Termin jedoch ist (fast) fix: Eine Beantragung nach dem 1. Oktober wirkt erst für das Folgejahr. Ihre nächste Vorauszahlung am 15. November könnten Sie dann nur durch ein Stundungs- oder Ratenansuchen hinausschieben (Formulierungsvorschlag siehe Serviceteil ► Seite 141ff, Anlagen I und J).
Ist der Steuerpflichtige jedoch von einer Katastrophe betroffen, kann der Antrag bis 31. Oktober des laufenden Jahres gestellt werden.

Im Antrag (Formulierungsvorschlag, siehe Serviceteil ► Seite 141ff, Anlage K) müssen Sie begründen, warum die Gewinnerwartung für das aktuelle Jahr niedriger ist. Als Unterlagen zum Nachweis können Aufstellungen zur Umsatzentwicklung ebenso dienen, wie eine Bestätigung von Forderungsausfällen oder die Vorlage einer Zwischenbilanz.

Kann ich Anspruchszinsen vermeiden?

Ab dem 1. Oktober jeden Kalenderjahres beginnt für alle noch nicht veranlagten Einkommens- und Körperschaftssteuern des Vorjahres die sogenannte Anspruchsverzinsung des Finanzamtes. Die Anspruchszinsen betragen zwei Prozent mehr als der Basiszinssatz. Aufgrund des derzeit negativen Basiszinssatzes beträgt der anzurechnende Zinssatz zwischen ein und anderthalb Prozent. Die Abrechnung der Anspruchszinsen erfolgt mit dem Steuerbescheid. Dabei ist es ohne Bedeutung, ob die verspätete Veranlagung von Einkommens- oder Körperschaftssteuer durch Sie verursacht wurde oder aufgrund der längeren Bearbeitungszeiten beim Finanzamt beruht. Anspruchszinsen von bis zu 50 Euro werden jedoch vom Finanzamt nicht in Rechnung gestellt.

Die freiwillige Anzahlung auf die Steuerschuld spart Zinsen

Tipp

Sie vermeiden die Belastung mit Anspruchszinsen, indem Sie bis zum 30. September eine Anzahlung in Höhe der voraussichtlichen Nachzahlung leisten. Damit das Finanzamt diese Zahlung auch korrekt zuordnen kann als Vorauszahlung, ist der Verwendungsweck korrekt anzugeben.

- Einkommenssteuer: E1-12/202X
- Körperschaftssteuer: K1-12/202X

Eine Anzahlung über die erwartete Nachzahlung hinaus macht übrigens keinen Sinn. Einerseits ist die voraussichtliche Steuerschuld durch die getätigten Vorauszahlungen und die Anzahlung auf die Nachzahlung bereits abgedeckt. Sie parken also beim Finanzamt nur Liquidität, die Sie sicher anderweitig besser einsetzen könnten. Andererseits erhalten Sie vom Finanzamt in Österreich (wohl aber in Deutschland) keine Guthabenzinsen.

Lassen sich Steuern sparen durch die Sozialversicherung?

Selbstständige und Unternehmer mit einem stark schwankenden Einkommen stecken oft in einem Dilemma: Die Vorauszahlung für die Sozialversicherung beruht auf dem Einkommen des drittvorangegangen Jahres. Daraus resultieren zwei Probleme:

- Steuerlich können nur die im Kalenderjahr gezahlten Sozialversicherungsbeiträge genutzt werden. Sind also die vorläufigen Sozialabgaben aufgrund von steigenden Gewinnen zu niedrig, so mindert sich der steuerliche Gewinn nur um die vorläufigen (zu niedrigen) Sozialabgaben. Folge: Sie zahlen höhere Steuern.
- Führt die Endabrechnung der Sozialabgaben zu hohen Nachzahlungen und dies in einem Jahr mit wesentlich geringeren Gewinnen, so sinkt in diesem Jahr das zu versteuernde Einkommen überproportional. Folge: Auch die Steuerlast ist in diesem Jahr sehr niedrig.

Fallen jetzt die erhöhten Gewinne im ersten Fall in eine Steuerklasse mit höheren Steuersätzen und die verringerten Gewinne im zweiten Fall in eine Steuerklasse mit niedrigerem Steuersatz, so zahlt der Unternehmer/Selbstständige zu hohe Steuern.

Tipp

Sie können das Problem vermeiden, wenn Sie zum Jahresende die voraussichtliche Nachzahlung an Sozialabgaben berechnen (lassen) und als Vorauszahlung an die SVS leisten. Diese Vorauszahlung mindert dann im Jahr des erhöhten Gewinns die Steuerlast und kann nicht mehr in ein Jahr mit geringeren Gewinnen fallen.

Grenzsteuersätze ab dem Jahr 2016

Einkommen von ... bis	Steuersatz
0 bis 11.000 Euro	0 %
11.001 bis 18.000 Euro	25 %
18.001 bis 31.000 Euro	35 %
31.001 bis 60.000 Euro	42 %
60.001 bis 90.000 Euro	48 %
90.001 bis 1.000.000 Euro	50 %
über 1.000.000 Euro	55 %

Was tun, wenn das Geld für die Steuern fehlt?

E-Mail ist kein akzeptiertes Kommunikationsmittel

Sie erhalten einen Steuerbescheid und sind damit nicht einverstanden? Dann steht Ihnen innerhalb von einem Monat ab Zustellung das Recht zu, gegen diesen Bescheid Beschwerde einzulegen. Das machen Sie am besten schriftlich beim für Sie zuständigen Finanzamt (Formulierungsvorschlag siehe Serviceteil ► Seite 141ff, Anlage H). Wichtig: E-Mail ist kein zulässiges Kommunikationsmittel für die Finanzverwaltung, Bescheidbeschwerde daher immer per Brief oder Fax einlegen. Die Beschwerde sollten Sie begründen. Dafür ist es sinnvoll, erklärende Unterlagen beizufügen (bei FinanzOnline in Form von PDF-Dokumenten als Anhang). Die Bescheidbeschwerde ist gebührenfrei. Sie setzt allerdings die Nachforderung nicht außer Kraft.

Wenn Sie den geforderten Nachforderungsbetrag im vorgesehenen Umfang nicht entrichten wollen oder können, müssen Sie zusätzlich zur Beschwerde einen Antrag auf „Aussetzung der Einhebung" stellen. Dies ist im gleichen Brief möglich und in unserer Vorlage bereits mitberücksichtigt.

Sollte Ihre Beschwerde ganz oder in Teilen abgelehnt werden, müssen Sie auf den nicht akzeptierten Betrag Aussetzungszinsen bezahlen. Den Zinssatz können Sie im Internet nachsehen unter www.bmf.gv.at, Rubrik Steuern (Bürgerinformation, Steuerzahlung, Abgabenfälligkeiten und Entrichtung, Höhe der Stundungszinsen).

Tipp

Wenn Sie zwar die Höhe einer Nachzahlung im Steuerbescheid akzeptieren (müssen), jedoch derzeit nicht die finanziellen Mittel dafür haben, können Sie um Zahlungserleichterungen in Form von Stundung (Formulierungsvorschlag im Serviceteil ► Seite 141ff, Anlage J) oder Ratenzahlung (Formulierungsvorschlag im Serviceteil ► Seite 141ff, Anlage I) ansuchen. Das Finanzamt wird Ihrem Ansuchen dann entsprechen, wenn:

- die sofortige und vollständige Entrichtung der Steuerschuld eine nicht unerhebliche Härte darstellt und
- durch die Bewilligung die Einbringlichkeit der Steuerschuld nicht gefährdet wird.

Was bleibt netto vom brutto?

Sie arbeiten nicht nur aus Freude, sondern auch für Geld. Aber was bleibt von den Erträgen der zusätzlichen Selbstständigkeit übrig?

Unmittelbar nach dem Jahresende oder schon unterjährig mit einer stets aktuellen Unternehmensplanung haben Sie eine gute Vorstellung von den Gewinnen der Tätigkeit aus Gewerbebetrieb bzw. Selbstständigkeit. Und damit die gute Basis für eine erste Prognoserechnung der Netto-Einkünfte!

Zuerst kommt natürlich die Frage, ob die Einkünfte aus Gewerbebetrieb bzw. selbstständiger Tätigkeit in voller Höhe zu versteuern sind. Und die klare Antwort lautet: nein, zum Glück nicht!

Gewinn bedeutet in diesem Fall, dass Sie von den steuerpflichtigen Einnahmen Ihre steuerlichen Aufwände abgezogen haben. Dies können auch die pauschalen Werbungskosten (► Seite 119) sein. Zu den steuerlichen Aufwänden gehören zusätzlich auch die im jeweiligen Kalenderjahr gezahlten Sozialabgaben (► Seite 128). Und von dem dann verbleibenden Gewinn können Sie in jedem Fall noch 13 Prozent für den Gewinn- oder Investitionsfreibetrag abziehen. Der Gewinn sinkt dadurch recht deutlich. Allerdings nicht in der Kasse, sondern als Berechnungsbasis für die Steuer. Danach einmal ein kleiner Blick in unser Steuersystem:

Grenzsteuersätze ab dem Jahr 2016

Einkommen von ... bis	Steuersatz
0 bis 11.000 Euro	0 %
11.001 bis 18.000 Euro	25 %
18.001 bis 31.000 Euro	35 %
31.001 bis 60.000 Euro	42 %
60.001 bis 90.000 Euro	48 %
90.001 bis 1.000.000 Euro	50 %
über 1.000.000 Euro	55 %

Ein paar Rechen- und Arbeitsschritte sind es schon, aber dann ist es doch einfach

Dabei handelt es sich um die zu versteuernden Einkommen als Summe aus sämtlichen Einkunftsarten. Also auch aus Ihren Einkünften aus unselbstständiger Tätigkeit. Und diese wurden ja bereits von Ihrem Dienstgeber versteuert.

Für Sie bedeutet dies, dass Sie die Einkünfte aus unselbstständiger Tätigkeit nicht weiter berücksichtigen müssen bzw. dürfen. Stattdessen ist zu prüfen, welche der zusätzlichen Einkünfte in welche Steuerklasse fallen. Dies lässt sich einfacher an einem Beispiel zeigen:

Beispiel

Einkünfte unselbstständige Tätigkeit	35.000 Euro
Einkünfte selbstständige Tätigkeit	30.000 Euro

Die ersten 35.000 Euro der Steuertabelle werden also nicht berücksichtigt. Von den 30.000 Euro Einkünften aus selbstständiger Tätigkeit fallen dann 25.000 Euro auf den Steuersatz von 42 % und die verbleibenden 5.000 Euro auf den Steuersatz von 48 %.

Steuerbasis	Steuersatz	Steuer
€ 25.000,00	42,00%	€ 10.500,00
€ 5.000,00	48,00%	€ 2.400,00
		€ 12.900,00

Sie zahlen also zusätzliche 12.900 Euro an Steuern und es verbleiben Ihnen von 30.000 Euro steuerpflichtigem Gewinn 17.100 Euro als Nettoertrag.

Service

Glossar
Literatur
Adressen/Links
Stichwortverzeichnis
Formulare und Checklisten

Allgemeine Geschäftsbedingungen (AGB)
Vorformulierte Geschäftsbedingungen, die mit Kunden bzw. Lieferanten bei Beauftragung vereinbart werden. Sie dienen der Vereinfachung von Einzelverträgen, in denen dann nur noch auf die AGB verwiesen werden muss.

ASVG
Allgemeines Sozialversicherungsgesetz

Brainstorming
Ist eine Methode zur Ideenfindung, welche die Entwicklung von neuen Ideen in einer Gruppe fördern soll.

Einkünfte
Einkünfte sind im Einkommensteuerrecht Vermögensmehrungen als Unterschiedsbetrag zwischen den Einnahmen und den durch die Einkünfteerzielung veranlassten Aufwendungen (sogenanntes Netto-Prinzip). Die Höhe der Einkünfte bildet die objektive Leistung des Steuerpflichtigen ab. Aus der Summe der 7 Einkunftsarten leitet sich das zu versteuernde Einkommen ab.

Einnahmen
Zugang an Finanzmitteln bzw. Zahlungsmitteln

eGründung
Elektronische Gründung von Einzelunternehmen und Einpersonen-GmbH's

EPU
Ein-Personen-Unternehmen. Nur der Firmeninhaber, d.h. auch ohne geringfügig Beschäftigte, ist für das Unternehmen tätig.

Finetrading
Neue Art der Finanzierung von Warenlagern, bei der ein Dienstleister die Rechnung zuerst bezahlt und dann mit Gebühren weiterverrechnet

FSVG
Freiberuflich Selbstständigen-Sozialversicherungsgesetz

Freibetrag
Ein Freibetrag ist ein Betrag, der die Steuerbemessungsgrundlage (das zu versteuernde Einkommen) mindert. In Höhe des Freibetrages findet also keine Besteuerung statt. Im Gegensatz dazu steht die ► Freigrenze: Wird die Betragshöhe der Freigrenze überschritten, so wird auch der Betrag bis zur Freigrenze besteuert.

Freigrenze
Einkünfte bis zu einem gewissen Betrag im Jahr sind steuerfrei. Übersteigen die Einkünfte den Betrag dieser Freigrenze, dann ist der gesamte Betrag steuerpflichtig.

Geldleistungsberechtigte
Geldleistungsberechtigte erhalten ärztliche Hilfe, inklusive Zahnarzt, als Geldleistung. Das bedeutet, dass sie den Arztbesuch selbst bezahlen müssen und erst im Nachhinein von der SVS einen Kostenersatz erhalten.

GSVG
Gewerbliches Sozialversicherungsgesetz

KMU
Klein- und Mittelbetriebe. Zumeist sind mindestens 75 Prozent der Kapital- und Stimmrechtsanteile in der Hand des bzw. der Firmeninhaber. KMU-Betriebe haben zwischen zehn und 250 Mitarbeiter, einen Umsatz von zwei bis 50 Millionen Euro sowie eine Bilanzsumme zwischen zwei und 43 Millionen Euro. Zwischen den ► EPU und den KMU sind die Kleinstunternehmen mit zwei bis neun Mitarbeitern angesiedelt.

KSV-1870
Der Kreditschutzverband von 1870 ist ein Gläubigerschutzverband in Österreich, welcher das Ziel hat, Wirtschaftstreibende vor finanziellem Schaden zu schützen.

Liebhaberei
(Steuerliche) Liebhaberei liegt immer dann vor, wenn die steuerlichen Aufwände dauerhaft höher sind als die Einkünfte. Für die Beurteilung dieser Frage hat der Gesetzgeber festgelegt, innerhalb von wie vielen Jahren ein ► steuerlicher Totalgewinn erzielt werden muss. Wird der steuerliche Totalüberschuss nicht erreicht, dann werden alle Aufwände und Verluste steuerlich aberkannt.

Planrechnung
Eine Planrechnung ist eine (auch vom Finanzamt verlangte) Voraus-Berechnung von Einkünften aus Vermietung und Verpachtung, Gewerbe und Selbstständigkeit. Aufwände und Erträge müssen dabei mit den geplanten Soll-Betragshöhen in die Kalkulation eingetragen werden, um plausibel zu machen, dass es unter den gegebenen Annahmen (Höhe der Erträge, Kostenentwicklung, Inflation etc.) schlussendlich wirklich zu einem ► steuerlichen Totalgewinn kommen wird.

Sachleistungsberechtigte
Sachleistungsberechtigte erhalten die meisten Leistungen als Sachleistung. Das heißt, die SVS stellt die Leistung in eigenen Einrichtungen oder über Vertragspartner zur Verfügung.

Schufa
Schufa ist das deutsche Gegenstück zum Gläubigerschutzverband ► KSV-1870 in Österreich.

SVA Sozialversicherungsanstalt der gewerblichen Wirtschaft, ging ab 2020 in der Sozialversicherung der Selbstständigen (SVS) auf.

SVS Sozialversicherung der Selbstständigen. Entstand zum 1.01.2020 aus der Fusion der Sozialversicherungsanstalt der gewerblichen Wirtschaft (SVA) und der Sozialversicherung der Bauern (SVB).

Steuerlicher Totalgewinn Ein steuerlicher Totalgewinn liegt vor, wenn innerhalb einer vom Finanzamt akzeptierten Zeit die Summe der Einnahmen höher ist als die Summe der Ausgaben. Damit will das Finanzamt sicherstellen, dass steuerlich geltend gemachte Investitionen tatsächlich der Erzielung steuerlicher Gewinne dienen und nicht der Finanzierung eines Steckenpferds auf Kosten der Gemeinschaft.

UStG Umsatzsteuergesetz

Verlustvortrag Sind die Aufwände höher als die Erträge, liegt ein (steuerlicher) Verlust vor. Dieser kann mittels Verlustvortrag auf das Folgejahr bzw. auf die Folgejahre übertragen werden und führt so in den künftigen (Gewinn-)Jahren zu einer geringeren Steuerlast. Der Verlust eines Jahres geht hier also nicht steuerlich verloren, sondern wird in späteren (Gewinn-)Jahren genutzt.

Vorsteuer Vorsteuer ist die Mehrwertsteuer auf Produkte und Dienstleistungen, die wir erwerben. Ein Unternehmer, der zur Abführung von Mehrwertsteuer an das Finanzamt verpflichtet ist (sogenannter Mehrwertsteuerpflichtiger) kann diese Vorsteuer gegen seine abzuführende Mehrwertsteuer gegenrechnen. Dadurch wird jeder Unternehmer nur mit jener Mehrwertsteuer belastet, die aufgrund des von ihm geschaffenen Mehrwertes anfällt.

Werbungskosten Werbungskosten sind Ausgaben des Steuerpflichtigen, die er für die Ausübung seines Berufs und für die Erzielung von steuerpflichtigen Einnahmen tätigt. Sie werden vom zu versteuernden Einkommen abgezogen und ermäßigen so die Steuerbelastung.

Bundesgesetzblatt für die Republik Österreich vom 21.12.2012
Gastgewerbepauschalierungsverordnung 2013
BGBl

Bundesgesetzblatt für die Republik Österreich vom 14.07.1999
Aufstellung von Durchschnittssätzen für die Ermittlung des Gewinnes und der Vorsteuer bei nichtbuchführenden Lebensmitteleinzel- oder Gemischtwarenhändlern
BGBl

Bundesgesetzblatt für die Republik Österreich vom 10.03.2014
Aufstellung eines Durchschnittssatzes für die Ermittlung der abziehbaren Vorsteuerbeträge bei Umsätzen aus dem Einstellen von fremden Pferden (PferdePauschV)
BGBl

Bundesgesetzblatt für die Republik Österreich vom 28.03.2000
Aufstellung von Durchschnittszinssätzen für die Ermittlung von Betriebsausgaben und Vorsteuerbeträgen bei Handelsvertretern
BGBl

Bundesgesetzblatt für die Republik Österreich vom 14.07.1999
Aufstellung von Durchschnittszinssätzen für die Ermittlung des Gewinnes und der Vorsteuerbeträge für nichtbuchführende Drogisten
BGBl

Bundesgesetzblatt für die Republik Österreich vom 29.12.2000
Künstler/Schriftsteller-Pauschalierungsverordnung
BGBl

Small is beautiful.
Gewinn 11/2019
Blazina F (2019)

Die Anwältin auf Instagram.
Der Standard, 6. November 2019
Frey E (2019)

Nebenberuflich selbstständig, 2. Auflage
Verbraucherzentrale Nordrhein-Westfalen e.V.
Hammer T (2018)

Existenzgründung in zehn Schritten zum Erfolg.
Stiftung Warentest, Berlin
Hammer T (2015)

Warum Selbstbewusstsein der wichtigste Schritt zum Erfolg ist.
www.port41.at
Herbstrith-Lappe M (2016)

Wie Sie überzeugen, ohne besserwisserisch zu wirken
www.port41.at,
Herbstrith-Lappe M (2016)

Ziele setzen, aber richtig: So verleihen Sie Ihrem Business Flügel.
www.port41.at
Herbstrith-Lappe M (2018)

Kleingewerbe
Hubinger T (2019)

leistungsstark & lebensfroh, 3. Auflage
Verlag Impuls & Wirkung, Wien
Lappe M, Herbstrith-Lappe M (2016)

Schlau finanzieren, 3. Auflage
Verein für Konsumenteninformation, Wien
Lappe M (2012)

100 Steuer-Tipps.
Verein für Konsumenteninformation, Wien
Lappe M, Stagel J (2018)

Steuern sparen 2017/2018.
Verein für Konsumenteninformation, Wien
Lappe M, Stagel J (2017)

Leppin K, Mutafoglu K (2010)	Nebenbei selbstständig, 6. Auflage humboldt Verlag Hannover
Michels B (2014)	Existenzgründung Schritt für Schritt, 2. Auflage
NeuFöG	Neugründungsförderungsgesetz
ww.port41.at	Plattform für Selbstständige und Kleinunternehmen
Renk E (2019)	Das Feierabend startup, 4. Auflage Redline Verlag, München
Sammet S, Schwartz S (2018)	Existenzgründung für Dummies. Wiley-VCH Verlag, Weinheim
Spudich H (2019)	Pensionsberechtigt und im Ruhestand? Von wegen. Der Standard 28./29.9.2019
Stefanovic I (2019)	Businessplan
Thieler-Unge R (2019)	Die Startup Bibel. Cherry Finance Verlag, Deggendorf
Wirtschaftskammer Österreich (WKO) (2019)	Abgaben und Steuern. Broschüre Kammerumlage 1, Kammerumlage 2, Grundumlage, August 2019
WKO (2019)	Abgaben und Steuern. Broschüre Die Einnahmen-Ausgaben-Rechnung, März 2019
WKO (2018)	Das korrekte E-Mail Impressum. Broschüre Wirtschaftsrecht, Juli 2018
WKO (2018)	Das korrekte Website Impressum. Broschüre Wirtschaftsrecht, Februar 2018
WKO (2018)	Wirtschaftskraft KMU 2018
WKO (2019)	Leitfaden für Gründerinnen und Gründer, 24. Auflage
WKO (2016)	Leitfaden zur Betriebsnachfolge, 10. überarbeitete Auflage. Wien 2016
WKO (2018)	Leitfaden zum Franchising, 9. überarbeitete Auflage. Wien 2018
Wohllebe O (2019)	Existenzgründung für Anfänger
Wolf E (2019)	Kleinunternehmer: Ich habe mehr als 30.000 Euro umgesetzt – was nun? www.port41.at
Wolf E (2020)	Steuererklärung für Kleinunternehmer: Was sich 2020 ändert. www.port41.at

https://www.wko.at/service/agb.html	**Allgemeine Geschäftsbedingungen**
www.arbeiterkammer.at	**Arbeiterkammer**
https://www.bmf.gv.at/steuern/selbststaendige-unternehmer/pauschalierung/p-spezielle-branchenpauschalierung.html https://www.wko.at/service/steuern/Pauschalierung-fuer-nichtbuchfuehrende-Gewerbetreibende.html	**Branchenpauschalierung**
www.usp.gv.at www.help.gv.at	**Bundesministerium für Digitalisierung und Wirtschaftsstandort Unternehmensserviceportal**
www.bmf.gv.at	**Bundesministerium für Finanzen**
www.gruenderservice.at/businessplan	**Businessplan**
https://www.wko.at/service/wirtschaftsrecht-gewerberecht/EU-Datenschutz-Grundverordnung.html)	**Datenschutzgrundverordnung**
www.namecheck.com www.world4you.com www.nic.at/de	**Domän-Namen prüfen**
www.bmf.gv.at	**FinanzOnline**
https://www.franchiseboerse.at/	**Franchisebörse**
https://www.wko.at/service/steuern/Kleinunternehmerregelung-(Umsatzsteuer).html	**Kleinunternehmerregelung und Umsatzsteuer**
https://www.bmdw.gv.at/Services/Publikationen/Bundeseinheitliche-Liste-der-freien-Gewerbe.html	**Liste freie Gewerbe**
https://www.bmdw.gv.at/Services/Publikationen/Liste-reglementierter-Gewerbe.html	**Liste reglementierte Gewerbe**
https://firmen.wko.at/Web/SearchInserate.aspx?WID=e5c46b58-14d3-4773-ba02-06905c025982 https://www.nachfolgerboerse.at/startseite www.nexxt-change.org	**Nachfolgerbörsen**
www.freelance.de www.twago.ade www.freelancermap.at www.dasauge.de www.xing.com www.linkedin.com	**Projektbörsen**
www.svs.at	**SVS**
https://www.svs.at/cdscontent/?contentid=10007.854303&viewmode=content	**SVS Anmeldung**
https://www.svs.at/cdscontent/?contentid=10007.854303&viewmode=content	**SVS Anpassung Vorauszahlungen**
https://www.svs.at/cdscontent/?contentid=10007.854303&viewmode=content	**SVS Befreiung**

SVS-Ombudsstelle

Herr Christian Göbl
Tel. 050 808 9008 E-Mail: ombudsstelle@svs.at

UID-Nummer prüfen

https://www.finanz.at/steuern/umsatzsteuer/uid-nummer/
http://ec.europa.eu/taxation_customs/vies/vieshome.do?selectedLanguage=de

Unternehmensserviceportal (USP)

https://www.usp.gv.at/Portal.Node/usp/public

Verein für Konsumenteninformation

Linke Wienzeile 18, 1060 Wien
Tel. 01 588 77-0
E-Mail: konsument@vki.at www.vki.at www.konsument.at

Vergleich betriebliche Vorsorgekassen

http://bvk.konsument.at

Vorsorgekassen

Allianz Vorsorgekasse AG
Tel. 05 9009-88750
E-Mail: servicekasse@allianz.at www.allianzvk.at

APK Vorsorgekasse AG
Tel. 05 0275-50
E-Mail: office@apk-vk.at www.apk-vk.at

BONUS Vorsorgekasse AG
Tel. 01 994 99 74
E-Mail: kundenservice@bonusvorsorge.at www.bonusvorsorge.at/vk

BUAK Betriebliche Vorsorgekasse GesmbH
Tel. 05 795 79-3000
E-Mail: buak-bvk@buak.at www.buak-bvk.at

fair finance Vorsorgekasse AG
Tel. 01 405 71 71-0
E-Mail: info@fair-finance.at www.fair-finance.at

Niederösterreichische Vorsorgekasse AG
Tel. 02742 90555-7160
E-Mail: office@noevk.at www.noevk.at

Valida Plus AG
Tel. 01 316 48-0
E-Mail: service-plus@valida.at www.valida.at

VBV – Vorsorgekasse AG
Tel. 01 217 01-8500
E-Mail: info@vorsorgekasse.at www.vorsorgekasse.at

Wirtschaftskammer

www.wko.at

Wirtschaftskammer Gründerservice

www.gruenderservice.at

Wirtschaftskammer Grundumlagen

https://www.wko.at/service/oe/grundumlagen.html

Allgemeine Geschäftsbedingungen

https://www.wko.at/service/agb.html

Anlage A: Fristenkalender

Datum	Beschreibung
Januar	
15.01.	Bezahlung Umsatzsteuer bei monatlicher Zahlung
Februar	
15.02.	Vorschreibung Einkommens-/Körperschaftssteuer Quartal 1
15.02.	Bezahlung Umsatzsteuer bei monatlicher Zahlung
28.02.	Fälligkeit Sozialabgaben Quartal 1
März	
15.03.	Bezahlung Umsatzsteuer bei monatlicher Zahlung
April	
15.04.	Bezahlung Umsatzsteuer bei monatlicher Zahlung
Mai	
15.05.	Vorschreibung Einkommens-/Körperschaftssteuer Quartal 2
15.05.	Bezahlung Umsatzsteuer bei monatlicher Zahlung
15.05.	Bezahlung Umsatzsteuer bei quartalsweiser Zahlung
31.05.	Fälligkeit Sozialabgaben Quartal 2
Juni	
15.06.	Bezahlung Umsatzsteuer bei monatlicher Zahlung
Juli	
15.07.	Bezahlung Umsatzsteuer bei monatlicher Zahlung
August	
15.08.	Vorschreibung Einkommens-/Körperschaftssteuer Quartal 3
15.08.	Bezahlung Umsatzsteuer bei monatlicher Zahlung
15.08.	Bezahlung Umsatzsteuer bei quartalsweiser Zahlung
31.08.	Fälligkeit Sozialabgaben Quartal 3
September	
15.09.	Bezahlung Umsatzsteuer bei monatlicher Zahlung
30.09.	Antrag auf Herabsetzung der Einkommenssteuer (noch) möglich
30.09.	Antrag auf Erstattung ausländische Vorsteuer (noch) möglich
Oktober	
15.10.	Bezahlung Umsatzsteuer bei monatlicher Zahlung
November	
15.11.	Vorschreibung Einkommens-/Körperschaftssteuer Quartal 4
15.11.	Bezahlung Umsatzsteuer bei monatlicher Zahlung
15.11.	Bezahlung Umsatzsteuer bei quartalsweiser Zahlung
30.11.	Fälligkeit Sozialabgaben Quartal 4
Dezember	
15.12.	Bezahlung Umsatzsteuer bei monatlicher Zahlung

Anlage B: Meine Rechnung

Firma, Adresse des Leistenden[1)]

An[2)]
Kunde
zHd. Frau Maxi Mustermann
Straße, Hausnummer, Tür
PLZ, Stadt

UID Kunde: [3)]
ATU987654321

RECHNUNG-Nr. 200108[4)] Datum: 27.01.2020[5)]

Bezeichnung der Leistung		Einheit	€/Einheit	€ gesamt
Leistungsbeschreibung[6)] Training/Coaching/Warenlieferung 27.01. 2020 in XYZ incl. Vor- und Nachbereitung	Tage	1,0	500,00	500,00
Fahrtkosten Wien – XYZ – Wien	km	213,0	0,42	89,46
UID: ATU 123456789[7)]		Zwischensumme[8)]		589,46
Basis 20 % MwSt.	589,46	20 % MWSt.[9)]		117,89[10)]
		Gesamtsumme[11)]		707,35

Der Umsatz ist steuerfrei aufgrund der Kleinunternehmerregelung. Wir behalten uns bei Überschreiten der Kleinunternehmer-Grenze die Nachbelastung der Umsatzsteuer vor[12)]. Wir ersuchen Sie um Überweisung auf unser Konto bei der Bank Austria[13)] (IBAN: AT11 1200 0222 3333 4444, BIC: BKAUATWW)
Zahlungsfrist: 14 Tage netto nach Rechnungserhalt[14)].
Für etwaige Rückfragen steht Ihnen Herr Max Mustermann unter der Tel.-Nr. (01) xx xxx xxx gerne zur Verfügung.
Standort lt. Firmenbuch, Firmenbuch-Gericht, Firmenbuch-Nummer[15)]

[1)] wird in diesem Fall über das Briefpapier abgedeckt [2)] Leistungsempfänger mit korrekter Firma bei Unternehmen ab Rechnungsbetrag von 400 Euro [3)] UID-Nummer des Kunden bei Brutto-Umsatz größer als 10.000 Euro [4)] Rechnungsnummer fortlaufend ab Rechnungsbetrag von 400 Euro [5)] Datum der Rechnung [6)] Leistungsbeschreibung incl. Leistungsort und -datum [7)] Eigene UID-Nummer, nicht bei Kleinunternehmerregelung [8)] Angabe Nettobetrag ab 400 Euro Rechnungsbetrag [9)] Angabe des Mehrwertsteuersatzes, nicht notwendig bei Kleinunternehmerregelung [10)] Mehrwertsteuerbetrag bei Rechnungsbetrag ab 400 Euro, nicht bei Kleinunternehmerregelung [11)] Rechnungsbetrag [12)] Nur bei Kleinunternehmerregelung [13)] eigene Kontoverbindung [14)] Zahlungsfrist, ohne Nennung ist die Rechnung sofort fällig [15)] wird in diesem Fall über das Briefpapier abgedeckt

Anlage C: Meine Erfolgsplanung

Jänner 2020	Netto	MwSt	Brutto		
Ausgangsrechnungen	€ 11.005,16	€ 3.819,45	€ 14.824,61		€ 0,00
Eingangsrechnungen	– € 4.404,71	– € 747,29	– € 5.152,00		€ 0,00
Ausgaben Kasse	€ 0,00	€ 0,00	€ 0,00		€ 0,00
Monatsergebnis	€ 6.600,45	€ 3.072,16	€ 9.672,61		€ 0,00
Vortrag Ergebnis YTD	**€ 6.600,45**				

Umsatzstatistik 2020, Stand per 17. Jänner 2020

	netto € 2019	netto 2020 €	Ust €	brutto €	kumuliert bis jew. Monat 2020	kumuliert bis jew. Monat 2019 €	Differenz 2019/2020 €
Jän	8.000,00	11.005,16	3.819,45	14.824,61	11.005,16	8.000,00	3.005,16
Feb	7.000,00	0,00	0,00	0,00	11.005,16	15.000,00	-3.994,84
...	...	...	...	...	...	...	...
Nov	12.000,00	0,00	0,00	0,00	11.005,16	81.600,00	-70.594,84
Dez	13.000,00	0,00	0,00	0,00	11.005,16	94.600,00	-83.594,84
€	**94.600,00**	**11.005,16**	**3.819,45**	**14.824,61**			

Kassabuch Jänner 2020

Tag	Beleg Nr.	Text	Ein	Aus netto	MWSt	Aus brutto	Stand
		Übertrag Vormonat Dez. 2019					572,70
		Summe	**0,00**	**0,00**	**0,00**	**0,00**	
		Übertrag Februar					572,70

Eingang	Re-Datum	Firma				
		Eingangsrechnung Jänner **Belege im Bereich 'Bank'**	Euro netto	MwSt	Euro brutto	
02.01.20	02.01.20	BussinessNet Basic 12/19	17,00	3,40	20,40	bez.
02.01.20	02.01.20	UNIQA-Betriebsvers.	414,24	0,00	414,24	bez.
02.01.20	02.01.20	Miete	552,50	110,50	663,00	bez.
03.01.20	22.11.20	ÖAMTC	219,50	0,00	219,50	bez.
14.01.20	10.01.20	ANKÖ 2020	69,00	6,90	75,90	bez.
14.01.20	07.01.20	UPC Internet + Telefon	65,02	13,00	78,02	bez.
24.01.20	09.01.20	T-Mobile	67,45	13,49	80,94	bez.
31.01.20	31.01.20	Honorare XY	3.000,00	600,00	3.600,00	bez.
		Belege im Bereich 'Eingangsrechnung'				
			4.404,71	**747,29**	**5.152,00**	

Jänner 2020

Datum	Nr.	Kunde	Betrag	USt 20 %/10 %/0 %	Betrag brutto	minus Skonto	am BA-Datum
2019-01-11	1	Kunde 1	1.000,00	200,00	1.200,00		
2019-01-19	2	Kunde 2	50,00	10,00	60,00		
...	...	...	...	...	...		
2019-01-31	12	Kunde 12	2.289,16	430,62	2.719,78		
		Summen	**11.005,16**	**3.819,45**	**14.824,61**		

Anlage D: Meine Liquiditätsplanung

Kapitalbedarf in der Gründungsphase

Beschreibung	Kosten	(Anmerkungen, z.B. Alternativen)
PKW	€ 30.000	Leasing möglich
Schrank	€ 500	
Laptop	€ 1.800	
Server	€ 1.000	
Handwerker	€ 3.000	
etc.		
Summe	€ 36.300	
Liquiditätsreserve	€ 8.000	(siehe unten)
Anfangsliquidität	€ 44.300	

Beschreibung	Jänner	Februar	März	April	Mai	Juni	Juli	August	September	Oktober	November	Dezember
Einnahmen												
Vortrag		€ 1.000				€ 500						
Verkauf	€ 2.000	€ 5.000	€ 13.000	€ 13.000	€ 13.000	€ 6.000	€ 6.000	€ 6.000	€ 6.000	€ 6.000	€ 6.000	€ 6.000
Summe Einnahmen	€ 2.000	€ 6.000	€ 13.000	€ 13.000	€ 13.000	€ 6.500	€ 6.000	€ 6.000	€ 6.000	€ 6.000	€ 6.000	€ 6.000
Ausgaben												
Miete	€ 800	€ 800	€ 800	€ 800	€ 800	€ 800	€ 800	€ 800	€ 800	€ 800	€ 800	€ 800
Hilfskraft	€ 400	€ 400	€ 400	€ 400	€ 400	€ 400	€ 400	€ 400	€ 400	€ 400	€ 400	€ 400
Strom	€ 40	€ 40	€ 40	€ 40	€ 40	€ 40	€ 40	€ 40	€ 40	€ 40	€ 40	€ 40
Heizung	€ 60	€ 60	€ 60	€ 60	€ 60	€ 60	€ 60	€ 60	€ 60	€ 60	€ 60	€ 60
Wareneinkauf	€ 5.000	€ 5.000	€ 5.000	€ 5.000	€ 5.000	€ 5.000	€ 5.000	€ 5.000	€ 5.000	€ 5.000	€ 5.000	€ 5.000
etc.												
Summe Ausgaben	€ 6.300	€ 6.300	€ 6.300	€ 6.300	€ 6.300	€ 6.300	€ 6.300	€ 6.300	€ 6.300	€ 6.300	€ 6.300	€ 6.300
Über-/Unterdeckung	– € 4.300	– € 300	€ 6.700	€ 6.700	€ 6.700	€ 200	– € 300	– € 300	– € 300	– € 300	– € 300	– € 300
Liquidität	€ 8.000	€ 3.700	€ 3.400	€ 10.100	€ 16.800	€ 23.500	€ 23.700	€ 23.400	€ 23.100	€ 22.800	€ 22.500	€ 22.200
Liquidität neu	€ 3.700	€ 3.400	€ 10.100	€ 16.800	€ 23.500	€ 23.700	€ 23.400	€ 23.100	€ 22.800	€ 22.500	€ 22.200	€ 21.900

Anlage E: Meine Eingaben-Ausgaben-Rechnung

lfd. Nr.	Datum	Beleg	Beschreibung	Kasse Einnahmen	Kasse Ausgaben	Bank Einnahmen	Bank Ausgaben	Vorsteuer	Waren	Personal	KfZ	Miete	Sonstiges
1	2.1.	B1	Miete				720,00	120,00				600,00	
2	5.1.	B2	Handy				36,00	6,00					30,00
3	6.1.	K1	Benzin		72,00						72,00		
4	6.1.	B3	Verkauf			2 400,00							
5	6.1.	K2	Bürobedarf		60,00			10,00					50,00
6	6.1.	B4	Verkauf			1.200,00							
			Summen		132,00	3.600,00	756,00	136,00	0,00	0,00	72,00	600,00	80,00

Einnahmen ges.	3.600,00
Einnahmen netto	3.000,00
MwSt. Einnahmen	600,00
Vorsteuer	– 136,00
Umsatzsteuerzahlung	736,00

Berechnung steuerliches Einkommen

Einnahmen netto	3.000,00
Waren	0,00
Personal	0,00
KfZ	– 72,00
Miete	– 600,00
Sonstiges	– 80,00
Abschreibung	
evtl. Pauschalierung	
Gewinn	2.248,00

Anlage F: Das Anlagebuch

lfd. Nr.	Anschaffungs-tag	Bezeichnung	Nutzungs-dauer	Kaufpreis	Buchwert 1.1.	Zugang	Abgang	Abschreibung	Buchwert 31.12
1	23.01.2020	Laptop	3	€ 1.800,00	€ 0,00	€ 1.800,00		€ 600,00	€ 1.200,00
2	27.01.2020	Kopiergerät	3	€ 3.000,00	€ 0,00	€ 3.000,00		€ 1.000,00	€ 2.000,00
3									
4									
5									
6									
7									
8									

Anlage G: Aufstellung Finanzamt Arbeitszimmer

Steuerpflichtiger: ....
SV-Nr.: ....

❑ Das Arbeitszimmer ist extern angemietet/gekauft.
❑ Das Arbeitszimmer ist in der Wohnung angesiedelt, bildet jedoch den Mittelpunkt der gesamten beruflichen/betrieblichen Tätigkeit.

Größe der Wohnung in m^2: ....
Größe des Arbeitszimmers in m^2: ....
Anteil des Arbeitszimmers in Prozent: ....

Fixe Kosten

– Abschreibung bei Eigentum ....
[Kaufpreis incl. Nebenkosten x 0,60 x 1,5 % x Anteil Arbeitszimmer in %]
– Anteilige Mietkosten ....
(Netto-Miete x Anteil Arbeitszimmer in %)
– Anteiliger Sachbezug ....
(Sachbezug Wohnung x Anteil Arbeitszimmer in %)

Anteilige Kosten

– Anteilige Betriebskosten ....
(Betriebskosten x Anteil Arbeitszimmer in %)
– Heizung, Strom, Wasser ....
(Gesamtkosten x Anteil Arbeitszimmer in %)
– Abschreibung Einrichtungsgegenstände ....
[Kaufpreis bis 800 Euro: 100 % im Kaufjahr, sonst anteilig (siehe Abschreibung)]
– Abschreibung Computer etc. ....
[Kaufpreis bis 800 Euro: 100 % im Kaufjahr, sonst anteilig (siehe Abschreibung)]

Summe der Werbungskosten Arbeitszimmer ....

Beilage: Skizze der Wohnung mit gekennzeichnetem Arbeitszimmer

Anlage H: Brief Finanzamt Bescheidbeschwerde

Name
Steuernummer
Adresse

An das
Finanzamt ....
Adresse

Betreff: Bescheidbeschwerde gegen den Bescheid des
Finanzamts ....
vom TT.MM.JJJJ betreffend ....

Sehr geehrte Damen und Herren,
gegen den oben genannten Bescheid erhebe ich fristgemäß Bescheidbeschwerde.

Begründung[1]: ....
....
....
....

Ich beantrage daher die zusätzliche Berücksichtigung von .... Euro.
....
....
....

Zugleich beantrage ich die Aussetzung der Einhebung des strittigen Betrages von .... Euro.

Ort, Datum
Unterschrift

[1] z.B. Übertragungsfehler, höhere Werbungskosten oder Sonderausgaben, keine Anerkennung von ...., Nichtberücksichtigung von Absetzbeträgen etc.

Anlage I: Brief Finanzamt Ratenzahlung

Name
Steuernummer
Adresse

An das
Finanzamt ....
Adresse

Betreff: Antrag auf Ratenzahlung
bezüglich des Bescheids des Finanzamts ....
vom TT.MM.JJJJ betreffend ....

Sehr geehrte Damen und Herren,
durch den oben genannten Bescheid wurde mir eine Steuernachzahlung in Höhe von .... Euro vorgeschrieben.

Ich ersuche um Bewilligung der Entrichtung dieses Betrages in monatlichen Raten zu je .... Euro.

Begründung: Die sofortige Entrichtung wäre mit erheblichen Härten für mich verbunden, weil[1)] ....

Ort, Datum
Unterschrift

[1] z.B. persönliche Umstände ....; Unterhaltsverpflichtungen, minderjährige Kinder ...., Krankheitsfolgen ...., Zusammenkommen mehrerer Nachzahlungen, geringes Einkommen bzw. Pension ....

Anlage J: Brief Finanzamt Stundung

Name
Steuernummer
Adresse

An das
Finanzamt ....
Adresse

Betreff: Antrag auf Stundung
bezüglich des Bescheids des Finanzamts ....
vom TT.MM.JJJJ betreffend ....

Sehr geehrte Damen und Herren,
durch den oben genannten Bescheid wurde mir eine Steuernachzahlung in Höhe von .... Euro vorgeschrieben.

Ich ersuche um Stundung der Abgabenschuldigkeit bis zum ....

Begründung: Die sofortige Entrichtung wäre mit erheblichen Härten für mich verbunden, weil[1] ....
....
....
....
....

Ort, Datum
Unterschrift

[1] z.B. persönliche Umstände ...., Unterhaltsverpflichtungen, minderjährige Kinder ...., Krankheitsfolgen ...., Zusammenkommen mehrerer Nachzahlungen, geringes Einkommen bzw. Pension ....

Anlage K: Brief Finanzamt Steuervorauszahlungen herabsetzen

Name
Steuernummer
Adresse

An das
Finanzamt ....
Adresse

Betreff: Antrag auf Herabsetzung der Einkommenssteuervorauszahlung

Sehr geehrte Damen und Herren,
ich beantrage die Herabsetzung der Einkommensteuervorauszahlung 202X mit folgender Begründung (ausführliche Begründung notwendig)
....
....
....
....

Aufgrund dieser Umstände wird mein voraussichtliches steuerpflichtiges Einkommen aus Gewerbebetrieb und/oder selbständiger Tätigkeit im Jahr 202X nur ______________ Euro betragen. Daher ersuche ich um die Herabsetzung der Einkommensteuervorauszahlung.

Ort, Datum
Unterschrift

Alles geregelt. Das KONSUMENT Vorsorgebuch, 3. Auflage

Unfall, Krankheit oder Begleiterscheinungen des Alterns können jederzeit dazu führen, dass man im wahrsten Sinn des Wortes die Kontrolle über sein Leben verliert, weil man wichtige Entscheidungen nicht mehr selbst treffen kann. Nicht alle Fragen, die dabei auftauchen, sind bis ins Letzte gesetzlich geregelt. Vieles kann man vorsorglich auch selbst festlegen. Dieses Buch ist ein Leitfaden für alle, die ihr Leben möglichst selbstbestimmt vorausplanen wollen und ihren Angehörigen zusätzliche Belastungen in schwierigen Situationen ersparen möchten. Dabei leistet das Buch Hilfestellung durch konkrete Handlungsanleitungen, die nötigen Formulare und Ausfüllhilfen. Zu den Themen gehören u.a. Organspende, Patientenverfügung und Vorsorgevollmacht. Besprochen werden auch die Grundzüge des Erbrechts, insbesondere alle wesentlichen Fragen rund um das Testament. Die 3. Auflage des KONSUMENT-Bestsellers behandelt auch das neue Erwachsenenschutzrecht, das ab 1. Juli 2018 die Regelungen zur bisherigen Sachwalterschaft ablöst.

broschiert, 168 Seiten, € 19,90
ISBN 978-3-99013-080-3
www.konsument.at/allesgeregelt

Weitere KONSUMENT-Bücher
im Buchhandel oder im Online-Shop auf www.konsument.at

100 Steuer-Tipps

Durchschnittlich 250 Euro erhalten die Österreicher jährlich aus der Arbeitnehmerveranlagung zurück. Aber natürlich nur dann, wenn diese auch tatsächlich durchgeführt wird. In vielen Fällen wäre für Steuerzahler sogar eine noch höhere Rückzahlung möglich. Viele legale Möglichkeiten der Steuerreduktion werden nämlich gar nicht in Anspruch genommen. In diesem Fall gilt: Wissen ist Geld. Dieses Buch geht weiter über die Steuergesetzgebung hinaus. Denn die Autoren verwerten auch die Erkenntnisse aus jährlich 2.500 Urteilen zu praktischen Tipps. Dieses Buch leistet nicht nur wertvolle Hilfe bei Arbeitnehmerveranlagung und Einkommensteuererklärung, sondern zeigt auch legale Gestaltungsräume für Ausgaben und Einnahmen auf. In 100 Kurzbeiträgen werden alle wichtigen Themen verständlich behandelt. Gewinnbringendes Wissen ist garantiert!

Flexcover, 172 Seiten, € 19,90
ISBN 978-3-99013-084-1
www.konsument.at/100steuertipps

Weitere KONSUMENT-Bücher
im Buchhandel oder im Online-Shop auf www.konsument.at

Der KONSUMENT-Pensionsplaner

Wie sind die aktuellen gesetzlichen Rahmenbedingungen? Was können Sie von einer allfälligen Firmenpension erwarten? Und welche Rolle spielt die sogenannte „3.Säule", die private Vorsorge, zur Abdeckung der immer wieder behaupteten „Pensionslücke"? Die Vorbereitung auf den Ruhestand zwingt auch zur Bestandsaufnahme der finanziellen Situation. Genau dabei leistet das neue KONSUMENT-Buch Hilfestellung. Es führt alle nötigen Überlegungen in strukturierter Form zusammen und behandelt alle relevanten Themen so verständlich, dass Betroffene aktiv eine seriöse Planung ihrer Zukunft erstellen können. Der Weg zur besten Rente wird begleitet von einem Online-Rechner, der es den Leserinnen und Lesern ermöglicht, die drei Säulen der Vorsorge in verschiedenen Szenarien ganz individuell durchzurechnen.

Flexcover, 140 Seiten, € 19,90
ISBN 978-3-99013-085-8
www.konsument.at/pensionsplaner

Weitere KONSUMENT-Bücher im Buchhandel oder im Online-Shop auf www.konsument.at